计算机专业·任务驱动应用型教材

3ds Max 三维动画制作

谢 芳　王翰钊　游月秋　主编

电子工业出版社
Publishing House of Electronics Industry
北京·BEIJING

内 容 简 介

本书为指导初学者学习 3ds Max 三维动画制作的入门书籍,通过合理的结构和大量来源于实际工作中的精彩实例,全面涵盖了 3ds Max 三维动画制作各个方面的知识。全书共 9 个项目,分别讲解了 3ds Max 基础、创建场景对象、编辑场景对象、灯光与摄影机、材质的使用、环境和效果、动画、渲染和输出、餐厅效果图制作。

本书按照三维动画制作内容需要进行谋篇布局,通俗易懂,操作步骤详细,图文并茂,适合三维模型与动画设计制作人员、大中专院校师生使用,也可作为 3ds Max 爱好者的参考用书。

未经许可,不得以任何方式复制或抄袭本书之部分或全部内容。
版权所有,侵权必究。

图书在版编目(CIP)数据

3ds Max 三维动画制作 / 谢芳,王翰钊,游月秋主编. —北京:电子工业出版社,2022.12
ISBN 978-7-121-43856-1

Ⅰ.①3… Ⅱ.①谢… ②王… ③游… Ⅲ.①三维动画软件 Ⅳ.①TP391.414

中国版本图书馆 CIP 数据核字(2022)第 116927 号

责任编辑:魏建波　　　特约编辑:田学清
印　　刷:北京缤索印刷有限公司
装　　订:北京缤索印刷有限公司
出版发行:电子工业出版社
　　　　　北京市海淀区万寿路 173 信箱　　邮编:100036
开　　本:787×1092　1/16　印张:15.25　字数:361.6 千字
版　　次:2022 年 12 月第 1 版
印　　次:2022 年 12 月第 1 次印刷
定　　价:69.00 元

凡所购买电子工业出版社图书有缺损问题,请向购买书店调换。若书店售缺,请与本社发行部联系,联系及邮购电话:(010)88254888,88258888。
质量投诉请发邮件至 zlts@phei.com.cn,盗版侵权举报请发邮件至 dbqq@phei.com.cn。
本书咨询联系方式:(010)88254609,hzh@phei.com.cn。

前　言

随着计算机软硬件性能的不断提高，人们已不再满足于平面效果图形，三维图形已成为计算机图形领域应用的热点之一。其中 Autodesk 公司的 3ds Max 已为广大用户所熟悉。3ds Max 以其强大的功能、形象直观的使用方法和高效的制作流程赢得了广大用户的喜爱。

3ds Max 作为功能强大的三维动画制作软件，包含了大量的功能和技术。这些功能虽然很好，但同时也为用户的学习增加了难度。如果想制作出一幅精美的作品，就需要应用 3ds Max 各方面的功能。比如对模型的分析和分解，创建各种复杂的模型，然后指定逼真的材质，还要设置灯光和环境以营造气氛，最后才能渲染和输出作品。如此复杂的制作过程，对初学者而言确实有些困难。当然，就学习本身来讲，都要从基础开始，然后通过不断实践，才能创作出好的作品来。

本书以由浅入深、循序渐进的方式展开讲解，从基础的 3ds Max 2022 操作技能到实际三维动画制作，以合理的结构和经典的范例对最基本和实用的功能进行了详细的介绍，具有极高的实用价值。通过对本书的学习，读者不仅可以掌握 3ds Max 2022 的基本知识和应用技巧，还可以掌握一些 3ds Max 2022 在三维动画制作方面的应用，从而提高专业技能。

一、本书特点

✓ 循序渐进，由浅入深

本书首先介绍 3ds Max 2022 的基本操作知识，然后介绍 3ds Max 2022 在三维动画制作方面的高级应用，最后通过综合实例对前面所讲的知识进行巩固、拓展。

✓ 案例丰富，简单易懂

本书从帮助用户快速熟悉和提升 3ds Max 三维动画制作技巧的角度出发，尽量结合实际应用给出详尽的操作步骤与技巧提示，力求将最常见的方法与技巧全面、细致地介绍给读者，使读者非常容易掌握。

✓ 技能与思政教育紧密结合

本书在讲解 3ds Max 三维动画制作专业知识的同时，紧密结合思政教育主旋律，从专业知识的角度触类旁通，引导学生提升相关思政品质。

✓ 项目式教学，实操性强

全书采用项目式教学，把 3ds Max 三维动画制作专业知识分解并融入一个个实践操作的训练项目中，增强了本书的实用性。

二、本书内容

全书共 9 个项目，分别讲解了 3ds Max 基础、创建场景对象、编辑场景对象、灯光与摄影机、材质的使用、环境和效果、动画、渲染和输出、餐厅效果图制作。

三、适用读者

本书内容全面、讲解充分、图文并茂，融入了作者的实际操作心得，适合三维模型与动画设计制作人员、大中专院校师生使用，也可作为 3ds Max 爱好者的参考用书。

四、致谢

本书提供了极为丰富的学习配套资源，期望读者朋友们在最短的时间内学会并精通这门技术。读者可以登录华信教育资源网（www.hxedu.com.cn）下载资源。

若读者朋友们遇到了有关本书的技术问题，则可以将问题发送到邮箱 714491436@qq.com，我们将及时回复；也欢迎大家加入图书学习交流群（QQ：512809405）交流、探讨。

本书由张家口职业技术学院的谢芳、河南测绘职业学院的王翰钊、张家口职业技术学院的游月秋担任主编，吉林师范大学博达学院的李昆鹏、池州职业技术学院的邹汪平和程小芳担任副主编，吉林师范大学博达学院的郑佳奇和柴方美担任参编。

作者
2021 年 11 月

目　　录

项目一　3ds Max 基础 1

任务一　认识 3ds Max 2
任务引入 2
知识准备 2

任务二　3ds Max 的应用领域 3
任务引入 3
知识准备 3
一、片头广告 3
二、影视特效 3
三、建筑装潢 4
四、游戏开发 4

任务三　3ds Max 2022 操作界面 5
任务引入 5
知识准备 5
一、菜单栏 6
二、工具栏 6
三、命令面板 9
四、窗口 11
五、视口导航面板 12
六、时间滑块 13
七、状态栏 13
八、动画记录控制区 13

项目总结 14
项目实战 14
实战　设置自定义用户界面 14

项目二　创建场景对象 18

任务一　几何体的创建 19
任务引入 19
知识准备 19

一、标准基本体 19
　　二、扩展基本体 19
　　三、门 20
　　四、窗 22
　　五、楼梯 22
　任务二　对象的轴向固定变换 24
　　任务引入 24
　　知识准备 24
　　一、坐标系 24
　　二、沿单一坐标轴移动 25
　　三、在特定坐标平面内移动 26
　　四、绕单一坐标轴旋转 26
　　五、绕坐标平面旋转 27
　　六、绕点对象旋转 27
　　七、多个对象的变换问题 28
　任务三　对象的应用 29
　　任务引入 29
　　知识准备 30
　　一、复制对象 30
　　二、镜像对象 31
　　三、阵列对象 31
　　四、对齐对象 32
　　五、缩放对象 33
　综合案例　制作简易茶几 37
　项目总结 43
　项目实战 44
　　实战　阵列小茶壶 44

项目三　编辑场景对象 45
　任务一　二维图形的绘制和编辑 46
　　任务引入 46
　　知识准备 46
　　一、二维图形的绘制 46
　　二、二维图形的编辑 48
　　三、将二维图形转换成三维物体 51
　任务二　复合建模 57
　　任务引入 57

知识准备 57
　　　一、放样建模 57
　　　二、布尔建模 66
　　　三、散布建模 69
　　　四、连接建模 71
　任务三　多边形建模 77
　　　任务引入 77
　　　知识准备 77
　　　一、多边形网格子对象的选择 77
　　　二、多边形网格顶点子对象的编辑 78
　综合案例　制作沙发模型 80
　项目总结 83
　项目实战 84
　　　实战一　制作古鼎模型 84
　　　实战二　制作圆桌模型 88

项目四　灯光与摄影机 90

　任务一　灯光的使用 91
　　　任务引入 91
　　　知识准备 91
　　　一、基本灯光的应用 91
　　　二、特殊灯光的应用 93
　任务二　摄影机的使用 96
　　　任务引入 96
　　　知识准备 96
　　　一、创建摄影机 97
　　　二、摄影机的常用参数 98
　综合案例　制作高级灯效 101
　项目总结 104
　项目实战 105
　　　实战一　制作吸顶灯 105
　　　实战二　观察蝎子模型 106

项目五　材质的使用 108

　任务一　材质编辑器 109
　　　任务引入 109
　　　知识准备 109

　　　　一、使用材质编辑器 109
　　　　二、使用样本球 109
　　任务二　标准材质的使用 111
　　　　任务引入 111
　　　　知识准备 111
　　　　一、"明暗器基本参数"卷展栏 112
　　　　二、"Blinn 基本参数"卷展栏 113
　　　　三、"扩展参数"卷展栏 114
　　　　四、"超级采样"卷展栏 115
　　　　五、"贴图"卷展栏 115
　　任务三　常用的材质类型 117
　　　　任务引入 117
　　　　知识准备 118
　　　　一、双面材质 118
　　　　二、混合材质 120
　　　　三、多维/子对象材质 124
　　任务四　UVW 贴图 126
　　　　任务引入 126
　　　　知识准备 126
　　　　一、初识 UVW 贴图修改器 127
　　　　二、贴图方式 127
　　综合案例　制作可乐罐模型 132
　　项目总结 140
　　项目实战 140
　　　　实战　设置金属材质 140

项目六　环境和效果 142
　　任务一　环境贴图的运用 143
　　　　任务引入 143
　　　　知识准备 143
　　任务二　雾效的使用 145
　　　　任务引入 145
　　　　知识准备 145
　　任务三　体积光的使用 148
　　　　任务引入 148
　　　　知识准备 148
　　　　一、聚光灯的体积效果 148

　　　　　二、泛光灯的体积效果 151
　　任务四　效果的应用 153
　　　　　任务引入 153
　　　　　知识准备 153
　项目总结 155
　项目实战 156
　　　　实战一　制作燃烧的蜡烛 156
　　　　实战二　设置射线效果 157

项目七　动画 159

　任务一　动画的简单制作 160
　　　　任务引入 160
　　　　知识准备 160
　任务二　使用曲线编辑器编辑动画轨迹 163
　　　　任务引入 163
　　　　知识准备 163
　任务三　使用控制器制作动画 165
　　　　任务引入 165
　　　　知识准备 165
　　　　一、使用线性位置控制器制作动画 165
　　　　二、使用路径约束控制器制作动画 166
　　　　三、使用朝向控制器制作动画 168
　　　　四、使用噪波位置控制器制作动画 169
　　　　五、使用位置列表控制器制作动画 170
　任务四　空间变形和粒子系统 172
　　　　任务引入 172
　　　　知识准备 173
　　　　一、空间变形 173
　　　　二、粒子系统 177
　项目总结 181
　项目实战 181
　　　　实战一　制作弹跳的小球 181
　　　　实战二　模拟星球运动 183

项目八　渲染和输出 186

　任务一　渲染 187
　　　　任务引入 187

知识准备 187
　　一、渲染概述 187
　　二、渲染类型 189
任务二　后期合成 191
　　任务引入 191
　　知识准备 191
　　一、视频后期处理工具栏 191
　　二、渲染静态图片 192
项目总结 197
项目实战 197
　　实战　渲染场景 197

项目练习　餐厅效果图制作 199
　　一、创建餐厅模型 199
　　二、制作餐厅材质 220
　　三、创建餐厅灯光 228

项目一

3ds Max 基础

思政目标

- 了解 3ds Max 框架内容，对其发展历史有较清楚的认识，培养探究精神。
- 逐步培养读者勤于动手、乐于实践的学习习惯。

技能目标

- 认识 3ds Max，使初学者了解 3ds Max 能够完成哪些工作。
- 熟悉 3ds Max 的操作界面。
- 能够完成实例效果。

项目导读

初学者通过对本项目的学习可以对 3ds Max 有一个感性的认识，为以后的学习打下坚实的基础。

任务一　认识 3ds Max

任务引入

小丽是一名计算机爱好者，最近对三维软件产生了兴趣，准备选择 3ds Max 作为进入 CG 行业的入门软件，可是 3ds Max 有多种版本，小丽应该下载哪种版本的软件呢？

知识准备

在 1996 年之前，3ds Max 以 3DS 的名称运行在 DOS 环境下，是开发得较早的绘图软件；到 1996 年，才开发了面向 Windows 操作系统的桌面程序，并正式更名为 3d studio Max。

1999 年，Autodesk 公司将收购的 Discreet Logic 公司和旗下的 Kinetix 公司合并，成立了 Discreet 多媒体分公司。其专业致力于提供用于实现视觉效果、3D 动画、特效编辑、广播图形和电影特技的系统和软件，推出了 4.0 系列专业级三维动画及建模软件，并简称为 3ds Max，从此 3ds Max 开始被越来越多的设计师和爱好者所接纳。到 2000 年 11 月中旬，Autodesk 公司的 Discreet 多媒体分公司在庆祝其在动画业界独领风骚 10 年之际，推出了具有重大革新意义的新版本 3ds Max 5。

2005 年 3 月，Autodesk 公司宣布将其下属分公司 Discreet 正式更名为 Autodesk 媒体与娱乐部，而软件的名称也由原来的 Discreet 3ds Max 更改为 Autodesk 3ds Max。2006 年 10 月，3ds Max 9 发布，其非常注重提升软件的核心表现，并且提高了工作流程的效率。3ds Max 9 第一次添加了针对 64 位系统的应用程序，同时提升了核心动画和渲染工具的功能，能够为用户带来比先前版本更多的帮助。

2021 年 3 月，Autodesk 公司发布了最新版本 3ds Max 2022。这是一款专注于工作流程效率，且易于使用的纹理、动画和渲染工具，为用户提供了丰富且灵活的工具组合，通过全方位的艺术控制打造高级设计，内置的 Arnold 渲染器可以提供丰富的体验，帮助用户在更短的时间内轻松创建出所需要的 3D 作品，支持处理更复杂的角色、场景和效果。除此之外，3ds Max 2022 中的"烘焙到纹理"界面已简化，可以将渲染元素分组在通用地图名称下，从而更轻松地导航和选择烘焙地图类型。

任务二 3ds Max 的应用领域

任务引入

小丽作为一名初学者,在第一次接触 3ds Max 时,感到新奇、有趣,甚至吃惊。3ds Max 作为 CG 行业中专业的三维动画制作软件,一般应用于哪些领域呢?

知识准备

3ds Max 作为一款专业的三维动画制作软件,凭借其强大的建模、材质、动画等功能,一直广泛应用于片头广告、影视特效、建筑装潢及游戏开发等领域,已成为全球非常流行、使用非常广泛的三维动画制作软件。

一、片头广告

在市场经济的推动下,商业广告、电视片头的需求量剧增。3ds Max 2022 是广告制作者的有力工具。针对广告业的特点,3ds Max 开发了特有的文字创建系统和完善的后期工具,令广告制作者几乎不需要其他后期软件就可以制作出漂亮的广告片头。图 1-1 和图 1-2 所示为使用 3ds Max 制作的片头。

图 1-1 片头 1

图 1-2 片头 2

二、影视特效

3ds Max 在影视制作中应用相当广泛,它与 Discreet 公司推出的 3ds 影视特效合成软件 Combustion 2.0 完美结合,从而提供了理想的视觉效果、动画及 3D 合成方案。使用 3ds Max 制作特效并获奖的电影作品也在不断增多,如《角斗士》《碟中碟 2》《黑客帝国》等就是其中的精品。图 1-3 所示为电影中的特效镜头。

图 1-3 电影中的特效镜头

三、建筑装潢

3ds Max 2022 在建筑装潢行业中有着相当广泛的应用,它以强大的建模工具配合快速渲染功能,尤其在新版本中加入各种高级的渲染器之后,能够快速地制作出可与彩照相媲美的效果图作品。而且,可以利用 3ds Max 2022 强大的动画制作功能制作建筑景观的环游动画。由于使用 3ds Max 制作效果图相对比较容易上手,因此吸引了越来越多的建筑、装潢工作者使用它,已成为建筑效果图及环境处理的完整解决方案。图 1-4 和图 1-5 所示为建筑装潢效果图。

图 1-4 建筑装潢效果图 1　　　　　　　图 1-5 建筑装潢效果图 2

四、游戏开发

3ds Max 2022 强大的动画制作功能使其受到了游戏开发者的青睐。在游戏开发领域中,3ds Max 2022 和 Character Studio 是很好的开发解决方案。它们可以提供更多的创建和调整角色的方法。3ds Max 2022 还可以使用众多的插件,从而给游戏开发者提供各种各样的特殊效果及高效工具。图 1-6 和图 1-7 所示为使用 3ds Max 制作的游戏角色。

项目一　3ds Max 基础

图 1-6　使用 3ds Max 制作的游戏角色 1

图 1-7　使用 3ds Max 制作的游戏角色 2

任务三　3ds Max 2022 操作界面

任务引入

小丽想要熟练使用 3ds Max 软件，就必须先了解该软件的操作界面。只有对操作界面有了宏观的认识，才能更好、更快地制作出三维效果。3ds Max 的操作界面包含哪些组成部分呢？各组成部分主要实现什么操作呢？

知识准备

3ds Max 2022 是运行在 Windows 系统下的三维动画制作软件，具有一般窗口式的软件特征，即窗口式的操作接口。3ds Max 2022 的操作界面如图 1-8 所示。

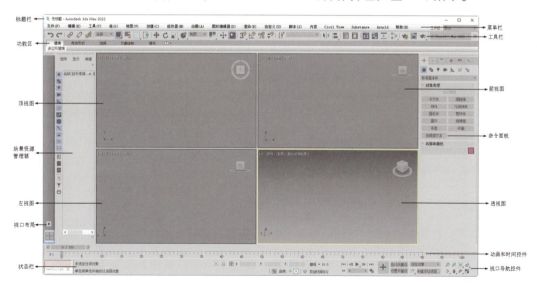

图 1-8　3ds Max 2022 的操作界面

一、菜单栏

3ds Max 2022 采用了标准的下拉菜单。它包括的菜单具体如下。

- "文件"菜单：该菜单包含用于管理文件的命令。
- "编辑"菜单：用于选择和编辑对象，主要包括对操作步骤的撤销、删除、复制、全选、反选等命令。
- "工具"菜单：提供了较为高级的对象变换和管理工具，如镜像、对齐等。
- "组"菜单：用于对象成组，包括成组、分离、加入等命令。
- "视图"菜单：包含对视图工作区的操作命令。
- "创建"菜单：用于创建二维图形、标准几何体、扩展几何体、灯光等。
- "修改器"菜单：用于修改造型或接口元素等设置。按照选择编辑、曲线编辑、网格编辑等类别，提供全部内置的修改器。
- "动画"菜单：用于设置动画，包含各种动画控制器、IK 设置、创建预览、观看预览等命令。
- "图形编辑器"菜单：包含 3ds Max 2022 中以图形的方式形象地展示与操作场景中各元素相关的各种编辑器。
- "渲染"菜单：包含与渲染相关的工具和控制器。
- "自定义"菜单：可以自定义改变用户界面，包含与其有关的所有命令。
- "脚本"菜单：MAXScript 是 3ds Max 2022 内置的脚本语言。使用该菜单可以进行各种与 Max 对象相关的编程工作，从而提高工作效率。
- "内容"菜单：可以通过此菜单启动 3ds Max 资源库。
- "Civil View"菜单：要使用 Civil View，必须先将其初始化，然后重新启动 3ds Max。
- "Substance"菜单：Substance 是 3ds Max 中的一个插件，可以将 Substance 系列的软件进行组合，从而大大减少工作量。
- "Arnold"菜单：3ds Max 2022 可以跟 Arnold 渲染器搭配使用，从而创建出更加出色的场景和惊人的视觉效果。
- "帮助"菜单：为用户提供各种相关的帮助。

二、工具栏

在默认情况下，在 3ds Max 2022 中只显示主要工具栏。主要工具栏中的工具图标包括选择类工具图标、选择与操作类工具图标、链接关系类工具图标、复制和视图工具图标、捕捉类工具图标及其他工具图标。当前选中的工具图标以蓝底显示。若要打开其他工具栏，则可以在工具栏上右击，在弹出的菜单中选择或配置要显示的工具项和标签工具条，如图1-9所示。

1. 选择类工具图标

- 全部 ▼（选择过滤器）：用来设置过滤器种类。
- （选择对象）：单击该图标后，在任意一个视图中，鼠标将变成一个白色的十字游标。单击要选择的物体即可选中它。
- （按名称选择）：该图标的功能是允许使用者按照场景中对象的名称选择物体。
- （矩形选择区域）：单击此图标时按住鼠标左键不动，会弹出5种选取方式，矩形选择区域就是其一，下面还有4种。
- （圆形选择区域）：使用它在视图中拉出的选择区域为一个圆。
- （围栏选择区域）：在视图中，用鼠标选定第一个点，拉出直线后再选定第二个点，如此拉出不规则的区域，将所要编辑的区域全部选中。
- （套索选择区域）：在视图中，用鼠标光标滑过视图，会产生一条轨迹，以这条轨迹为选择区域的选择方法就是套索选择区域。
- （绘制选择区域）：在视图中进行拖曳，出现区域，将区域放置到物体上，此时物体被选中。
- （窗口/交叉）：可以在窗口选择模式和交叉选择模式之间进行切换。当处于交叉选择模式时，只需要框住物体的任意局部或全部就能选择物体；当处于窗口选择模式时，只有框住物体的全部才能选择物体。
- （管理选择集）：将工具栏向左拖曳，可以找到此图标。通过选择集对话框进行物体的选择、合并和删除等操作。

2. 选择与操作类工具图标

- （选择并移动）：使用它选择对象后，能对所选对象进行移动操作。
- （选择并旋转）：使用它选择对象后，能对所选对象进行旋转操作。
- （选择并均匀缩放）：使用它选择对象后，能对所选对象进行缩放操作。其下面还有两个缩放工具，一个是选择并非均匀缩放，另一个是选择并挤压。按住选择并均匀缩放工具图标就可以看到这两个缩放工具图标。
- (选择并放置)：使用"选择并放置"工具将对象准确地定位到另一个对象的曲面上。此工具的使用方法大致相当于"自动栅格"选项，但随时可以使用，而不

图1-9 配置菜单

仅仅限于在创建对象时使用。

- ![] (选择并旋转)：与"选择并放置"工具的使用方法类似，这里不再赘述。
- ![] (使用轴点中心)：可以围绕其各自的轴点旋转或缩放一个或多个对象。当自动关键点处于活动状态时，"使用轴点中心"功能将自动关闭，并且其他选项均处于不可用状态。
- ![] (使用选择中心)：可以围绕其共同的几何中心旋转或缩放一个或多个对象。如果变换多个对象，则 3ds Max Design 会计算所有对象的平均几何中心，并将此几何中心用作变换中心。
- ![] (使用变换坐标中心)：可以围绕当前坐标系的中心旋转或缩放一个或多个对象。当使用"拾取"功能将其他对象指定为坐标系时，坐标中心是该对象轴的位置。

3. 链接关系类工具图标

- ![] (选择并链接)：将两个物体链接成父子关系，其中第一个被选择的物体是第二个被选择的物体的子体，这种链接关系是 3D Studio Max 中的动画基础。
- ![] (取消链接选择)：单击此按钮，上述父子关系将不复存在。
- ![] (绑定到空间扭曲)：将空间扭曲结合到指定对象上，使物体产生空间扭曲和空间扭曲动画。

4. 复制和视图工具图标

- ![] (镜像)：对当前选择的物体进行镜像操作。
- ![] (对齐)：用于对齐当前对象，其下还有 5 种对齐方式，可应用于不同的情况。
- ![] (快速对齐)：使用"快速对齐"工具可将当前选择的位置与目标对象的位置立即对齐。
- ![] (法线对齐)：使用"法线对齐"工具可基于每个对象上面或选择的法线方向将两个对象对齐。
- ![] (放置高光)：使用"放置高光"工具可将灯光或对象与另一个对象对齐，以便可以精确定位其高光或反射。
- ![] (对齐摄影机)：使用"对齐摄影机"工具可以将摄影机与选定的面法线对齐。
- ![] (对齐到视图)："对齐到视图"工具用于显示"对齐到视图"对话框，可以将对象或子对象选择的局部轴与当前视口对齐。
- ![] (切换场景资源管理器)：单击此按钮可打开"场景资源管理器"对话框。"场景资源管理器"提供了一个无模式对话框，可用于查看、排序、过滤和选择对象；其还提供了其他功能，可用于重命名、删除、隐藏和冻结对象，创建和修改对象层次，以及编辑对象属性。
- ![] (切换层资源管理器)：单击此按钮可打开"层资源管理器"对话框。"层资源管理器"是一种显示层及其关联对象和属性的"场景资源管理器"模式。用户可以使用它来创建、删除和嵌套层，以及在层之间移动对象；还可以查看和编辑场景中所有层的设置，以及与其相关联的对象。

- ▦（显示功能区）：单击此按钮可打开层级视图以显示关联物体的父子关系。
- ▦（曲线编辑器）：单击此按钮可打开"轨迹视图-曲线编辑器"窗口。
- ▦（图解视图）：基于节点的场景图，通过它可以访问对象属性、材质、控制器、修改器、层次和不可见场景关系，如连线参数和实例。
- ▦（材质编辑器）：单击此按钮可打开材质编辑器，快捷键为 M。

5. 捕捉类工具图标

- ▦（捕捉开关）：单击该按钮打开/关闭三维捕捉模式开关。
- ▦（角度捕捉切换）：单击该按钮打开/关闭角度捕捉模式开关。
- ▦（百分比捕捉切换）：单击该按钮打开/关闭百分比捕捉模式开关。
- ▦（微调器捕捉切换）：单击该按钮打开/关闭旋转器锁定开关。

6. 其他工具图标

- ▦（渲染设置）：使用"渲染设置"工具可以基于 3D 场景创建 2D 图像或动画，从而可以使用所设置的灯光、所应用的材质及环境设置（如背景和大气）为场景中的几何体着色。
- ▦（渲染帧窗口）："渲染帧窗口"工具用于显示渲染和输出效果。
- ▦（渲染产品）：通过"渲染产品"工具可使用当前产品级渲染设置渲染场景，而无须打开"渲染设置"窗口。

三、命令面板

在 3ds Max 2022 主接口的右侧是 3ds Max 2022 的命令面板区域，可以通过 ✚（创建）、▦（修改）、▦（层次）、●（运动）、▦（显示）、▦（实用程序）等控制按钮在不同的命令面板之间进行切换。

命令面板是一种可以卷起或展开的板状结构，上面布满了与当前操作相关的参数的各种设定。当单击某个控制按钮时，会弹出相应的命令面板，上面有一些标有功能名称的横条状卷展栏，左侧带有▶或▼图标。▶图标表示此卷展栏控制的命令已经关闭；▼图标表示此卷展栏控制的命令是展开的。下面介绍几个主要的命令面板。

1."创建"命令面板

"创建"命令面板如图 1-10 所示。下面分别介绍其中的子面板。

- ●（几何体）：可以生成标准基本体、扩展基本体、复合对象、粒子系统、面片栅格、NURBS 曲面、动力学对象等。
- ▦（图形）：可以生成二维图形，并沿某条路径放样生成三维造型。
- ▦（灯光）：包括泛光灯、聚光灯等，模拟现实生活中的各种灯光造型。
- ▦（摄影机）：生成目标摄影机或自由摄影机等。

- ：生成一系列起到辅助制作作用的特殊对象。
- ：生成空间扭曲以模拟风、引力等特殊效果。
- ：具有特殊功能的组合工具，生成日光、骨骼等系统。

2．"修改"命令面板

如果要修改对象的参数，就需要进入"修改"命令面板，在该面板中可以对物体应用各种修改器。每次应用的修改器都会记录下来，保存在修改器堆栈中。"修改"命令面板一般由四部分组成，如图1-11所示。

- 名称和颜色区：名称和颜色区显示修改对象的名称和颜色。
- 修改命令区：可以选择相应的修改器。单击"配置修改器集"按钮 ，可以通过它来配置有个性的修改器面板。
- 堆栈区：在这里记录了用户对物体每次进行的修改，以便随时对以前的修改进行更正。
- 参数区：显示当前堆栈区中被选定对象的参数，其因物体和修改器的不同而不同。

3．"层次"命令面板

"层次"命令面板方便地提供了对物体链接控制的功能，如图1-12所示。通过它可以生成IK链，可以创建物体间的父子关系，多个物体的链接可以形成非常复杂的层次树。其提供了正向运动和反向运动双向控制的功能。"层次"命令面板包括三部分内容，具体如下。

图1-10 "创建"命令面板

图1-11 "修改"命令面板

图1-12 "层次"命令面板

- 轴：3ds Max中的所有物体都只有一个轴心点。轴心点的作用主要是作为变动修改中心的默认位置。当为物体施加一项变动修改时，进入它的Center（中心）次物体级，在默认情况下轴心点将成为变动的中心。作为缩放和旋转变换的中心点。

项目一　3ds Max 基础

作为父物体与其子物体链接的中心，子物体将针对此中心进行变换操作。作为反向链接运动的链接坐标中心。

- IK：根据反向运动学的原理，对复合链接的物体进行运动控制。我们知道，当移动父对象的时候，它的子对象也会随之运动；而当移动子对象的时候，如果父对象不跟着运动，则叫正向运动，否则称为反向运动。简单地说，IK 反向运动就是当移动子对象的时候，父对象也跟着一起运动。使用 IK 可以快速、准确地完成复杂的复合动画。
- 链接信息：用来控制物体在移动、旋转、缩放时，在 3 个坐标轴上的锁定和继承情况。

4. "运动"命令面板

通过"运动"命令面板可以控制被选择物体的运动轨迹，还可以为它指定各种动画控制器，同时对各关键点的信息进行编辑操作，如图 1-13 所示。"运动"命令面板包括两部分内容，具体如下。

- 参数：在参数面板中可以为物体指定各种动画控制器，还可以建立或删除动画的关键点。
- 运动路径：进入轨迹控制面板，可以在视图中显示物体的运动轨迹。在轨迹曲线上，白点代表过渡帧的位置点，白色方框点代表关键点。我们可以通过变换工具对关键点进行移动、缩放、旋转以改变物体运动轨迹的形态，还可以将其他曲线替换为运动轨迹。

图 1-13　"运动"命令面板

四、窗口

3ds Max 2022 主接口中的 4 个视图是在三维空间内同一个物体在不同视角下的反映。3ds Max 2022 系统本身的默认视图为 4 个，对象在 4 个视图中的状态如图 1-14 所示。

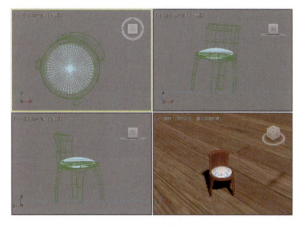

图 1-14　对象在 4 个视图中的状态

- 顶视图：从物体上方往下观察的空间，默认布置在视图区的左上角。在这个空间中没有深度概念，只能编辑对象的上表面。在顶视图中移动物体，只能在 XZ 平面内移动，不能在 Y 方向上移动。
- 前视图：从物体正前方看过去的空间，默认布置在视图区的右上角。在这个视图中没有宽度概念，物体只能在 XY 平面内移动。
- 左视图：从物体左面看过去的空间，默认布置在视图区的左下角。在这个空间中没有宽度概念，物体只能在 XZ 平面内移动。
- 透视图：通常所讲的三视图就是上面的 3 个视图。在一个三维空间中，操作一个三维物体比操作一个二维物体要复杂得多，于是人们设计出三视图。在三视图的任何一个视图中，对对象的操作都像在二维空间中一样。假如只有这 3 个视图，则体现不出 3D 软件的精妙之处，透视图正为此而存在。

通过透视图可以使一个视力正常的人看到空间物体的比例关系。因为有了透视效果，才会有空间上的深度和广度概念。透视图加上前面所讲的 3 个视图，就构成了计算机模拟三维空间的基本内容。默认的 4 个视图不是固定不变的，可以通过快捷键来进行切换。快捷键与视图的对应关系如下。

- T = Top（顶视图）；B = Bottom（底视图）；L = Left（左视图）；R = Right（右视图）。
- F = Front（前视图）；K = Back（后视图）；C = Camera（摄影机视图）。
- U = User（用户视图）；P = Perspective（透视图）。

五、视口导航面板

视图控制器各按钮用于控制视图中显示图像的大小状态，熟练地运用这些按钮，可以大大地提高工作效率。

- （缩放）：单击此按钮，在任意视图中按住鼠标左键不放并上下拖动，可以拉近或推远场景。
- （缩放所有视图）：和工具的用法相同，只是它影响的是所有可见的视图。
- （最大化显示选定对象）：单击此按钮，会使当前视图以最大化方式显示。
- （所有视图最大化显示选定对象）：单击此按钮，在所有视图中，被选择的物体均以最大化方式显示。
- （缩放区域）：单击此按钮，用鼠标在想放大的区域拉出一个矩形框，矩形框内的所有物体组成的整体以最大化方式在本视图中显示，不影响其他视图。
- （平移视图）：单击此按钮，在任意视图中拖动鼠标，可以移动视图观察窗。
- （环绕子对象）：单击此按钮，在视图中会出现一个黄圈，可以在圈内、圈外或圈上的 4 个顶点上拖动鼠标以改变物体在视图中的角度。在除透视图外的视图中应用此命令，视图会自动切换为用户视图。如果想恢复为原来的视图，则可以用刚学的快捷键来实现。

- ▦（最大化视口切换）：单击此按钮，会使当前视图全屏显示。再次单击此按钮，可恢复为原来状态。

六、时间滑块

时间滑块主要用在动画制作中。可以在每一帧中设置不同的物体状态，然后按照时间的先后顺序播放，这就是动画的基本原理。时间滑块就是我们需要调整某一帧的状态时使用的工具，如图1-15所示。

图1-15 时间滑块

七、状态栏

状态栏给出了目前操作的状态。其中"X"、"Y"和"Z"数值框中的数值分别表示当前游标在当前窗口中的具体坐标位置，大家可移动游标并观察数值框中数值的变化。提示区给出了目前操作工具的扩展描述及使用方法，如当用户单击"选择并移动"按钮✥时，提示区会出现提示信息："单击并拖动以选择并移动对象"，如图1-16所示。

图1-16 状态栏

八、动画记录控制区

- 自动关键点（自动关键点）：单击此按钮开始制作动画，再次单击此按钮退出动画制作。
- ▮◀（转至开头）：退到第0帧动画帧。
- ◀▮（上一帧）：回到前一动画帧。
- ▶（播放动画）：在当前视图窗口中播放制作的动画。
- ▮▶（下一帧）：前进到后一动画帧。
- ▶▮（转至结尾）：回到最后的动画帧。
- ◀▶（关键点模式切换）：单击此按钮，仅对动画关键帧进行操作。
- 0（时间控制器）：输入数值后，进至相应的动画帧。
- ⚙（时间配置）：单击此按钮，可以在弹出的对话框中设置动画模式和总帧数。

项目总结

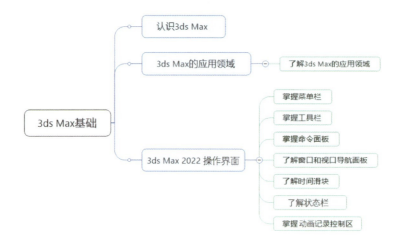

项目实战

实战　设置自定义用户界面

（1）打开 3ds Max 2022，执行"自定义"→"加载自定义用户界面方案"命令，如图 1-17 所示，打开"加载自定义用户界面方案"对话框，选择 3ds Max 提供的 UI 方案文件，如图 1-18 所示。

图 1-17　执行菜单命令 1

项目一 3ds Max 基础

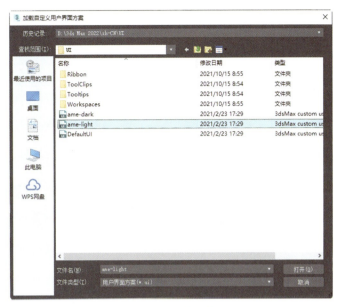

图 1-18 选择 UI 方案文件

（2）加载"ame-light"方案，其效果如图 1-19 所示。用户可以提前设置好自定义 UI 方案，并对其进行保存，当需要使用时执行"加载自定义用户界面方案"命令对其进行加载即可。

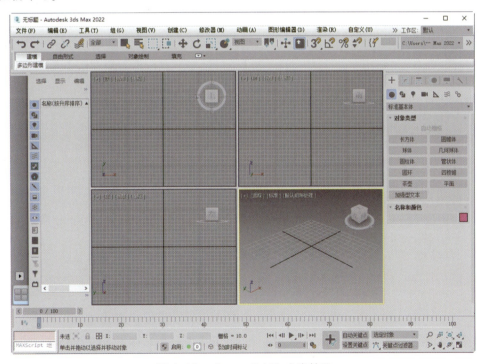

图 1-19 "ame-light"方案效果

（3）执行"自定义"→"显示 UI"→"浮动工具栏"命令，如图 1-20 所示，将显示 3ds Max 的所有工具栏，如图 1-21 所示。

3ds Max 三维动画制作

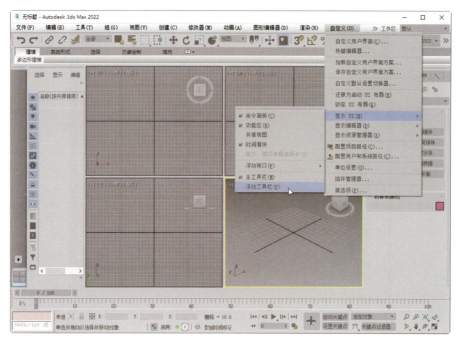

图 1-20　执行菜单命令 2

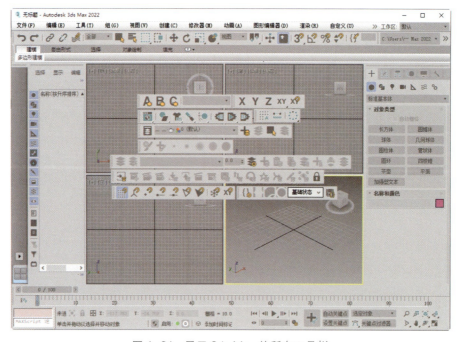

图 1-21　显示 3ds Max 的所有工具栏

（4）将浮动工具栏拖动至接近主工具栏的位置，当鼠标光标变为如图 1-22 所示的形状时，浮动工具栏将停靠在该位置。

（5）根据示意图在视口的上方和下方分别停靠部分工具栏，如图 1-23 所示。

项目一 3ds Max 基础

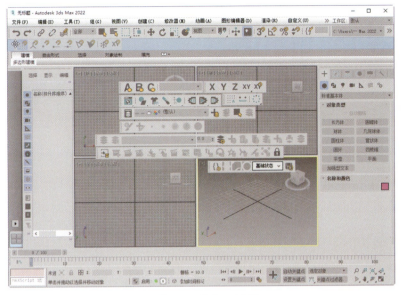

图 1-22 停靠工具栏

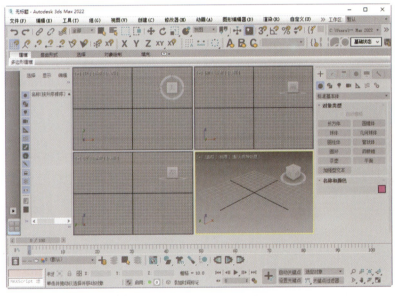

图 1-23 在视口的上方和下方分别停靠部分工具栏

（6）如果该界面不需要被保留，则执行"自定义"→"还原为启动 UI 布局"命令，弹出如图 1-24 所示的提示框，提示用户是否继续，单击"是"按钮，将撤销之前对工具栏位置的设置，但界面颜色、图标等还保留当前方案。

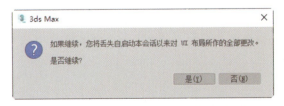

图 1-24 执行"还原为启动 UI 布局"命令时弹出的提示框

17

项目二

创建场景对象

思政目标

- 明确自己的目标与优势,清楚未来的职业方向和发展前景。
- 培养读者对本课程的兴趣及自主探索能力。

技能目标

- 掌握如何使用各种变换工具来控制场景对象。
- 通过了解空间坐标系统理解场景对象在三维空间中的不同定位方法。
- 掌握对象的应用方法。

项目导读

在利用 3ds Max 进行建模、动画设计的过程中,我们必须掌握一定的技巧,但是这些技巧是建立在很好地掌握基本概念、基本变换的基础之上的。所以,只有抓住核心概念,熟练掌握基本操作、基本变换,并能举一反三,才不会迷失在技巧的海洋里。本项目着重介绍三维设计中几何体的创建、对象的轴向固定变换、对象的应用等基础知识。可以说,这些知识是学好 3ds Max 所应具备的最基础的东西,初学者应足够重视。

项目二 创建场景对象

任务一 几何体的创建

任务引入

小丽毕业后找到了一份室内装潢的工作，需要为客户设计一间卧室，在设计过程中需要对床、门窗进行设计。通过对 3ds Max 的学习，怎样才能尽快绘制出这些模型呢？

知识准备

几何体包括标准基本体、扩展基本体、门、窗及楼梯等各种建筑扩展对象。熟练掌握这些几何体的创建方法及参数，可以通过堆积的方法建立简单模型。

一、标准基本体

大家熟悉的几何体在现实世界中就是像水皮球、管道、长方体、圆环和圆锥形冰激凌杯这样的对象。在 3ds Max 中，可以使用标准基本体对很多这样的对象建模，还可以将标准基本体结合到更复杂的对象中，并使用修改器进一步进行细化。"标准基本体"命令面板如图 2-1 所示。图 2-2 所示为 3ds Max 提供的标准基本体。

图 2-1 "标准基本体"命令面板　　图 2-2 3ds Max 提供的标准基本体

二、扩展基本体

扩展基本体是 3ds Max 中复杂几何体的集合，可用来创建更多复杂的 3D 对象，如胶囊、油罐、纺锤、异面体、环形结和棱柱等。"扩展基本体"命令面板如图 2-3 所示。图 2-4 所示为 3ds Max 提供的扩展基本体。

图 2-3 "扩展基本体"命令面板

图 2-4　3ds Max 提供的扩展基本体

三、门

使用软件提供的门模型可以控制门外观的细节，还可以将门设置为打开、部分打开或关闭状态，以及设置打开的动画。这里有 3 种类型的门：枢轴门是大家所熟悉的，它是一种仅在一侧装有铰链的门；折叠门的铰链装在中间及侧端，就像许多壁橱的门一样，也可以将这些类型的门创建成一组双门；推拉门一半固定，另一半可以推拉。"门"命令面板如图 2-5 所示。图 2-6 所示为利用 3ds Max 提供的门创建的模型。

图 2-5　"门"命令面板

图 2-6　利用 3ds Max 提供的门创建的模型

1. 枢轴门

枢轴门只在一侧用铰链接合。还可以将枢轴门制作成双门。该门具有两个门元素，每个门元素在其外边缘处用铰链接合。其创建步骤如下。

（1）执行"文件"菜单中的"重置"命令，重新设置系统。

（2）打开"创建"命令面板，选择"几何体"子面板，在下面的下拉列表中选择"门"选项。

（3）单击"枢轴门"按钮，在透视图中按住鼠标左键并拖动以定义枢轴门的宽度，然后释放鼠标左键。

（4）移动鼠标，定义枢轴门的深度，然后单击鼠标以确定深度。再次移动鼠标以定义枢轴门的高度，最后单击鼠标完成枢轴门的创建，效果如图 2-7 所示。

项目二 创建场景对象

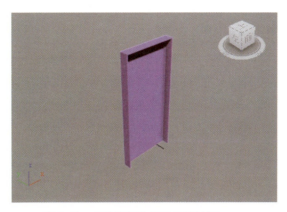

图 2-7 在透视图中创建的枢轴门

2. 推拉门

推拉门可以滑动,就像在轨道上一样。该门有两个门元素:一个保持固定,而另一个可以移动,如图 2-8 所示。推拉门的创建步骤与枢轴门类似,这里不再赘述。

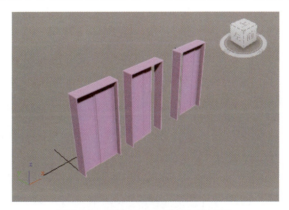

图 2-8 不同参数下推拉门的形状

3. 折叠门

折叠门分别在中间和侧面转枢。该门有两个门元素,也可以将其制作成有 4 个门元素的双门,如图 2-9 所示。折叠门的创建步骤和参数与上面两种门相同。

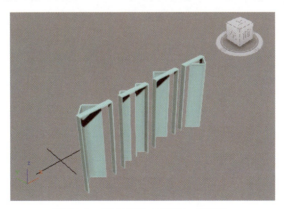

图 2-9 不同参数下折叠门的形状

四、窗

使用"窗"对象可以控制窗户外观的细节。此外,还可以将窗户设置为打开、部分打开或关闭状态,以及设置随时打开的动画。3ds Max 提供了 6 种类型的窗,"窗"命令面板如图 2-10 所示。图 2-11 所示为利用 3ds Max 提供的窗创建的模型。

图 2-10 "窗"命令面板　　　　图 2-11 利用 3ds Max 提供的窗创建的模型

各种类型的窗的创建步骤基本相同,这里以遮篷式窗为例进行介绍。

(1)执行"文件"菜单中的"重置"命令,重新设置系统。

(2)打开"创建"命令面板,选择"几何体"子面板,在下面的下拉列表中选择"窗"选项。

(3)单击"遮篷式窗"按钮,在透视图中按住鼠标左键并拖动,至合适位置后释放鼠标左键,以确定窗的宽度。将鼠标光标移动到合适的位置并单击,以确定窗的厚度。同理,继续移动鼠标光标到合适的位置并单击,以确定窗的高度,从而完成遮篷式窗的创建,如图 2-12 所示。

图 2-12 在透视图中创建的遮篷式窗

五、楼梯

在 3ds Max 中可以创建 4 种不同类型的楼梯,即螺旋楼梯、直线楼梯、L 型楼梯、U 型楼梯。"楼梯"命令面板如图 2-13 所示。图 2-14 所示为利用 3ds Max 提供的楼梯创建的模型。

项目二 创建场景对象

图 2-13 "楼梯"命令面板

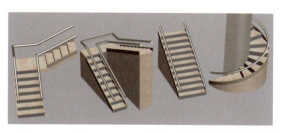

图 2-14 利用 3ds Max 提供的楼梯创建的模型

案例——创建圆柱体

(1) 启动 3ds Max,打开 3ds Max 操作界面。

(2) 单击"创建"命令面板中的"几何体"按钮,在下面的下拉列表中选择"标准基本体"选项,在"对象类型"卷展栏中单击"圆柱体"按钮,如图 2-15 所示。

(3) 在透视图中按住鼠标左键并拖动,拉出圆柱体的底面,然后松开鼠标左键,向上或向下移动鼠标,至合适位置后单击,从而完成圆柱体的创建,如图 2-16 所示。

图 2-15 单击"圆柱体"按钮

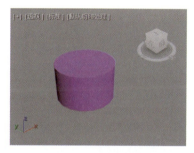

图 2-16 创建圆柱体

(4) 选择圆柱体,进入"修改"命令面板,在"参数"卷展栏中设置半径为"20.0",高度为"60.0",如图 2-17 所示。调整参数,观察视图中圆柱体的变化。初学者可边调节边观察圆柱体在透视图中的形状,从而熟悉各参数的作用。需要注意的是,有些参数在小范围内调整对对象的影响不大,大家可大胆调节,观察变化。调整后的圆柱体效果如图 2-18 所示。

图 2-17 "参数"卷展栏

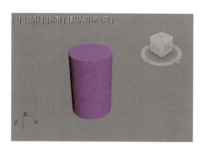

图 2-18 调整后的圆柱体效果

任务二 对象的轴向固定变换

任务引入

小丽在设计过程中需要调整床模型的位置，并调整其他家具的角度，那么怎样进行调整呢？需要用到哪些工具？

知识准备

对于场景中的对象而言，要进行空间变换，需要考虑的问题就是坐标系、位置和角度。

一、坐标系

下面简单介绍一下 3ds Max 中的各坐标系。

- 视图：3ds Max 中最常用的坐标系，也是系统默认状态的坐标系。在正交视图中使用"屏幕"坐标系，在类似透视图这样的非正交视窗中使用"世界"坐标系。
- 屏幕：当不同的视窗被激活时，坐标系的轴将发生变化，这样坐标系的 XY 平面始终平行于视窗，而 Z 轴指向屏幕内。
- 世界：不管激活哪个视窗，X、Y、Z 轴都固定不变，XY 平面总平行于顶视图，Z 轴则垂直于顶视图向上。在 3ds Max 中，各视窗的坐标系就是"世界"坐标系。
- 父对象：使用选定对象的父对象的局部坐标轴。如果对象不是一个被链接的子对象，那么"父对象"坐标系的效果与"世界"坐标系一样。
- 局部：使用选定对象的局部坐标轴。如果不止一个对象被选中，那么每个对象都围绕自己的坐标轴变换。
- 万向：该坐标系与 Euler XYZ 旋转控制器一同使用。它与"局部"坐标系类似，但其 3 个旋转轴相互之间不一定垂直。
- 栅格：使用激活栅格的坐标系。当默认主栅格被激活时，"栅格"坐标系的效果同"视图"坐标系一样。
- 工作：使用工作轴坐标系。可以随时使用该坐标系，无论工作轴处于活动状态与否。
- 拾取：选择场景中的对象用作坐标系，使用该对象的局部坐标轴。选择"拾取"坐标系，然后单击场景中的一个对象，该对象的名称会出现在"参考坐标系"显示框中，并显示在"拾取"坐标系下拉列表中。

二、沿单一坐标轴移动

在精细建模过程中,往往需要将对象沿某一个坐标轴进行移动,而在其他方向上无位移,这时我们可以使用 3ds Max 提供的轴向约束工具,如图 2-19 所示。需要说明的是,如果工具栏中没有轴向约束工具图标,则可以在工具栏的空白处单击鼠标右键,此时弹出悬浮菜单,如图 2-20 所示,选择其中的命令即可使其出现在工具栏中。下面举例介绍物体的轴向移动。

图 2-19 轴向约束工具 　　　　　　　　图 2-20 弹出的悬浮菜单

(1)在视图中创建一个长方体,作为沿轴向移动的对象,如图 2-21 所示。

(2)打开坐标系列表,选择"世界"坐标系。此时所有视窗中的坐标轴都调整了方向。

(3)选择创建好的长方体,单击工具栏中的"变换 Gizmo Y 轴约束"按钮,然后单击"选择并移动"按钮 ✥。此时,各视图中的 Y 轴线变成黄色,表明约束至 Y 轴生效,如图 2-22 所示。

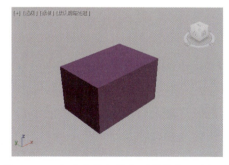 

图 2-21 未选定轴向约束时的物体及坐标轴 　　图 2-22 选定轴向约束时的物体及坐标轴

(4)在顶视图中移动对象,可以看到对象只能上下移动,即被约束至 Y 轴。

(5)在前视图中移动对象,可以看到对象不能被移动。

（6）在左视图中移动对象，可以看到对象只能左右移动，即被约束至 Y 轴。

（7）在透视图中移动对象，可以看到对象只能前后移动，即被约束至 Y 轴。

 注意

　　在沿单一坐标轴移动的过程中，可以不单击轴向约束按钮，只需将鼠标光标移动到所要约束的坐标轴上，坐标轴变成黄色，即表明移动被约束至该轴。事实上，即使单击了轴向约束按钮，在移动的过程中，如果将鼠标光标放在其他坐标轴上，那么移动的轴向也会随之发生改变。这一点初学者应特别注意。

三、在特定坐标平面内移动

（1）还以上面创建的长方体作为移动的对象。

（2）打开坐标系列表，选择"世界"坐标系。此时所有视窗中的坐标轴都调整了方向。

（3）选择创建好的长方体，单击工具栏中的"变换 Gizmo YZ 平面约束"按钮，然后单击"选择并移动"按钮 ✥。此时，各视图中的 Y、Z 轴线变成黄色，表明约束至 Y、Z 轴生效。

（4）在顶视图中移动对象，可以看到对象只能上下（Y 轴）移动，即移动被约束至 YZ 平面生效。

（5）在前视图中移动对象，可以看到对象只能上下（Z 轴）移动，即移动被约束至 YZ 平面生效。

（6）在左视图中移动对象，可以看到对象可以上下左右（YZ 平面）移动。

（7）在透视图中移动对象，可以看到对象只能上下前后移动，而不能左右移动，表明对象移动被约束至 YZ 平面。

四、绕单一坐标轴旋转

（1）以上面创建的长方体作为旋转的对象。

（2）打开坐标系列表，选择"世界"坐标系。此时所有视窗中的坐标轴都调整了方向。

（3）选择创建好的长方体，单击工具栏中的"变换 Gizmo X 轴约束"按钮，然后单击"选择并旋转"按钮 ↻。此时，各视图中的 X 轴线变成黄色，表明约束至 X 轴生效。

（4）在顶视图中旋转对象，可以看到对象只能绕 X 轴旋转，如图 2-23 所示。

（5）在前视图中旋转对象，可以看到对象只能绕 X 轴旋转。

（6）在左视图中旋转对象，可以看到对象只能绕 X 轴旋转，如图 2-24 所示。

（7）在透视图中旋转对象，可以看到对象只能绕 X 轴旋转，表明对象旋转被约束至 X 轴。

项目二 创建场景对象

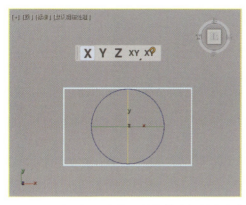
图 2-23 在顶视图中绕 X 轴旋转坐标轴的变化

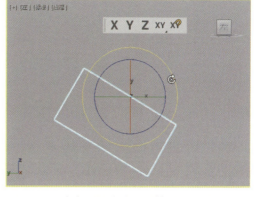
图 2-24 在左视图中绕 X 轴旋转坐标轴的变化

五、绕坐标平面旋转

（1）还以上面创建的长方体作为旋转的对象。

（2）打开坐标系列表，选择"世界"坐标系。此时所有视窗中的坐标轴都调整了方向。

（3）选择创建好的长方体，单击工具栏中的"变换 Gizmo XY 平面约束"按钮，然后单击"选择并旋转"按钮。此时，各视图中的 X、Y 轴线变成黄色，表明约束至 X、Y 轴生效。

（4）在顶视图中旋转对象，可以看到对象能同时绕 X 轴和 Y 轴旋转。

（5）在前视图中旋转对象，可以看到对象只能绕 X 轴旋转。

（6）在左视图中旋转对象，可以看到对象只能绕 Y 轴旋转。

（7）在透视图中旋转对象，可以看到对象只能绕 X 轴和 Y 轴旋转，表明对象旋转被约束至 XY 平面。

六、绕点对象旋转

在使用 3ds Max 进行创作的过程中，有时希望以场景中的某一点为中心旋转物体，这就要用到点对象。点对象是一种辅助对象，它不可以被渲染。下面举例介绍如何利用点对象旋转物体。

（1）在"创建"命令面板中单击"几何体"按钮●，然后在"对象类型"卷展栏中单击"球体"按钮，在视图中创建一个球体。

（2）在"创建"命令面板中单击"辅助对象"按钮，在"对象类型"卷展栏中单击"点"按钮，在视图中的适当位置创建一个点对象，如图 2-25 所示。

（3）打开坐标系列表，选择"拾取"坐标系。单击刚创建的点对象，此时坐标系下拉列表中出现"Sphere01"字样，说明已经将点对象"Sphere 01"设置为坐标中心。

（4）选择创建好的球体，单击工具栏中的"选择并旋转"按钮，然后单击工具栏中的"变换 Gizmo Y 轴约束"按钮，在各视图中旋转球体，可以看到球体只能沿点对象的 Y 轴旋转。

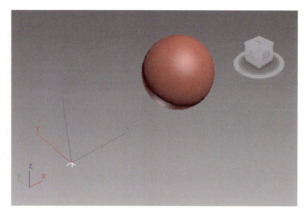

图 2-25 创建的点对象及球体

（5）单击工具栏中的"变换 Gizmo XY 轴约束"按钮，在各视图中旋转球体，可以看到：在顶视图中，球体只能沿点对象的 X 轴旋转；在前视图中，球体可以沿点对象的 X 轴和 Y 轴旋转；在左视图中，球体只能沿点对象的 Y 轴旋转；在透视图中，球体可以沿点对象的 X 轴和 Y 轴旋转。

七、多个对象的变换问题

1. 以各对象的轴心点为中心

（1）在"创建"命令面板中单击"几何体"按钮●，展开"对象类型"卷展栏，在场景中分别创建一个茶壶、一个长方体和一个圆柱体，如图 2-26 所示。

（2）选中创建的 3 个对象，单击工具栏中的"使用轴点中心"按钮，然后单击工具栏中的"选择并旋转"按钮。

（3）在透视图中，将鼠标光标移动到 Z 轴上，使之变成黄色，然后拖动鼠标旋转物体，可以发现各对象均以自己的轴心点为中心旋转，如图 2-27 所示。

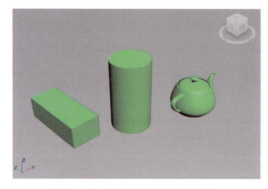

图 2-26 在场景中创建多个对象

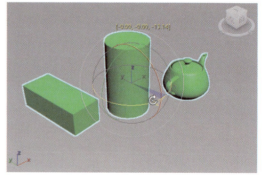

图 2-27 各对象均以自己的轴心点为中心旋转

2. 以选择集的中心为中心

（1）为了方便对比，这里还使用前面创建好的茶壶、长方体及圆柱体，如图 2-26 所示。

（2）选中创建的 3 个对象，单击工具栏中的"使用选择中心"按钮，然后单击工具栏中的"选择并旋转"按钮。

（3）在透视图中，将鼠标光标移动到 Z 轴上，使之变成黄色，然后拖动鼠标旋转物体，可以发现各对象均以选择集的中心为中心旋转，如图 2-28 所示。

3．以当前坐标系原点为中心

（1）为了方便对比，这里还使用前面创建好的茶壶、长方体及圆柱体，如图 2-26 所示。

（2）选中创建的 3 个对象，单击工具栏中的"使用变换坐标中心"按钮，然后单击工具栏中的"选择并旋转"按钮。

（3）在透视图中，将鼠标光标移动到 Z 轴上，使之变成黄色，然后拖动鼠标旋转物体，可以发现各对象均以当前坐标系原点为中心旋转，如图 2-29 所示。

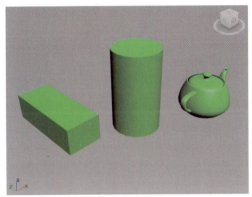 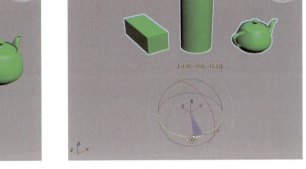

图 2-28　各对象均以选择集的中心为中心旋转　　图 2-29　各对象均以当前坐标系原点为中心旋转

任务三　对象的应用

任务引入

家具设计公司需要制作一些新的产品，让小丽负责茶几模型的设计。小丽通过使用 3ds Max 进行多次设计和修改，完成了一个具有现代风格的茶几模型。那么，怎样设计茶几模型呢？在设计过程中怎样利用对象的复制、镜像、阵列等工具来完成模型的修改呢？

知识准备

在大规模的建模过程中，经常需要创建相同的对象，以及对对象进行对齐、缩放。这时最方便的办法就是使用复制、对齐和缩放等工具，下面分别介绍。

一、复制对象

最常用的复制方式就是利用键盘和空间变换工具进行复制。选择物体，单击工具栏中的"选择并移动"按钮✥，然后按住Shift键进行拖动，弹出"克隆选项"对话框，如图2-30所示。

"克隆选项"对话框中的主要选项说明如下。

复制：复制出来的对象是独立的，复制品与原来的对象没关系。如果对源物体施加编辑器修改，则复制品不会受到影响。本例采用的就是此项命令。

图2-30　"克隆选项"对话框1

实例：复制出来的对象不独立，复制品及源物体受到任何一个成员物体的影响。如果对其中之一施加编辑器修改，那么其他物体也会相应地变化。此命令常用于多个地方使用同一个对象的场合。

参考：相当于上面两种复制命令的结合。使用此项命令可以使多个对象使用同一个根参数和根编辑器。而每个复制出来的对象保持独立编辑的能力。也就是说，当对源物体施加编辑器修改时，参考复制品会受到影响；而对参考复制品进行操作，不会影响源物体。

案例——复制球体

（1）在"创建"命令面板中单击"几何体"按钮●，展开"对象类型"卷展栏，在场景中创建一个球体，如图2-31所示。

（2）选中创建的球体，单击工具栏中的"选择并移动"按钮✥，在按住Shift键的同时移动球体。

（3）弹出"克隆选项"对话框，如图2-32所示。在"副本数"数值框内输入"2"，然后单击"确定"按钮，复制出两个球体，结果如图2-33所示。

图2-31　在场景中创建一个球体　　图2-32　"克隆选项"对话框2　　图2-33　复制球体

二、镜像对象

镜像对象是模拟现实中的镜子效果，把实物对应的虚像复制出来。选择物体，单击工具栏中的"镜像"按钮或执行"工具"→"镜像"菜单命令，弹出"镜像：世界 坐标"对话框，如图 2-34 所示。

"镜像：世界 坐标"对话框中的主要选项说明如下。

镜像轴：用于选择镜像的轴或平面，默认为 X 轴。

偏移：用于设定镜像对象偏移原始对象轴心点的距离。

图 2-34 "镜像：世界 坐标"对话框

克隆当前选择：用于控制对象是否复制、以何种方式复制。默认选项是"不克隆"，即只翻转对象而不复制对象。

镜像 IK 限制：当围绕一个轴镜像几何体时，会导致镜像 IK 约束（与几何体一起镜像）。如果不希望 IK 约束受镜像命令的影响，则禁用此命令。

三、阵列对象

使用阵列命令可以同时复制多个相同的对象，并且使得这些复制对象在空间上按照一定的顺序和形式排列。选择物体，执行"工具"→"阵列"菜单命令，弹出"阵列"对话框，如图 2-35 所示。

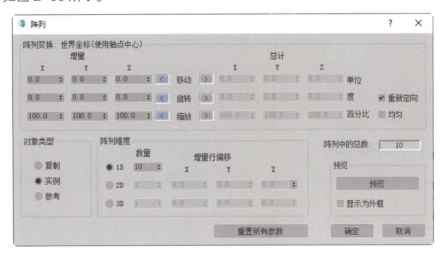

图 2-35 "阵列"对话框

"阵列"对话框中的主要选项说明如下。

阵列变换：用于控制利用哪种变换方式来形成阵列，通常多种变换方式和变换轴可以同时作用。

对象类型：用于设置复制对象的类型。

阵列维度：用于指定阵列的维数。

阵列中的总数：用于控制复制对象的总数，默认为 10 个。

四、对齐对象

在建模的过程中，经常会碰到一些对相对位置要求比较严格的场景，如将各种组件组合成物体。在这种情况下，使用 3ds Max 提供的对齐工具是明智的选择。3ds Max 中的对齐工具有 6 个，分别是对齐、快速对齐、法线对齐、放置高光、对齐摄影机、对齐到视图。其中，第一个工具最为常用。选择物体，单击工具栏中的"对齐"按钮 ，或执行"工具"→"对齐"→"对齐"菜单命令，弹出"对齐当前选择"对话框，如图 2-36 所示。

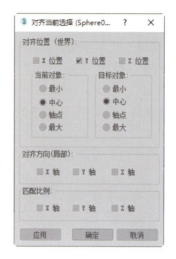

图 2-36　"对齐当前选择"对话框

"对齐当前选择"对话框中的主要选项说明如下。

对齐位置（世界）：用来选择在哪个轴向上进行对齐，可以选择"X 位置"、"Y 位置"和"Z 位置"中的一个或多个。本例在 3 个轴向上进行对齐。

最小：使用对象负的边缘点来作为对齐点。

最大：使用对象正的边缘点来作为对齐点。

中心：使用对象的中心作为对齐点。

轴点：使用对象的枢轴点作为对齐点。

对齐方向（局部）：将当前对象的局部坐标轴方向改变为目标对象的局部坐标轴方向。

匹配比例：如果目标对象被缩放了，那么选择轴向可使被选定对象沿局部坐标轴缩放到与目标对象相同的百分比。

案例——对齐物体模型

（1）在"创建"命令面板中单击"几何体"按钮 ，展开"对象类型"卷展栏，在场景中创建一个长方体和一个圆柱体，如图 2-37 所示。

（2）选中长方体，单击工具栏中的"对齐"按钮 ，然后将鼠标光标移动到圆柱体上，当光标变成十字形状时单击，此时弹出"对齐当前选择"对话框，具体设置如图 2-38 所示，单击"确定"按钮完成对齐操作。

（3）在透视图中观察对象对齐后相对位置的变化，如图 2-39 所示。

项目二　创建场景对象

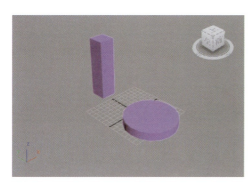

图 2-37　对象的起始相对位置　　　　　图 2-38　设置对齐参数

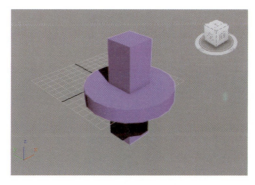

图 2-39　对象对齐后的相对位置

五、缩放对象

缩放工具用来改变被选中模型各个坐标的比例大小。缩放工具有 3 种，即"选择并均匀缩放"工具、"选择并非均匀缩放"工具和"选择并挤压"工具。这 3 种工具的切换方法是，用鼠标左键按住当前工具栏中的缩放工具不放，就会看到其他两种工具，移动鼠标光标到需要的工具上，选中该工具即可。

现在创建一个球体，并通过对其进行缩放操作来体会缩放工具的用途。

（1）在"创建"命令面板中单击"几何体"按钮，展开"对象类型"卷展栏，在场景中创建一个球体，并复制出 3 个相同的球体。

（2）选中第二个球体，单击"选择并均匀缩放"按钮，把鼠标光标移动到球体上，这时鼠标光标变成了△形状。按住鼠标左键，上下移动鼠标，这时球体的大小随着鼠标的移动而发生改变。可以看到，该缩放工具用来对模型进行均匀缩放。

（3）选中第三个球体，切换为"选择并非均匀缩放"工具，把鼠标光标移动到球体上，这时鼠标光标变成了△形状。按住鼠标左键，沿 Y 轴方向放大球体。可以看到，球体模型在 Y 轴方向上的比例改变了，而在 X 轴、Z 轴方向上的比例不变，如图 2-40 所示。

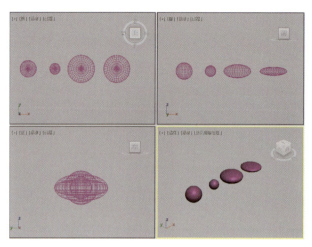

图 2-40　使用不同缩放工具缩放球体

（4）选中第四个球体，切换为"选择并挤压"工具，把鼠标光标移动到球体上，这时鼠标光标变成了形状。按住鼠标左键，沿 Y 轴方向放大球体。可以看到，球体模型在 Y 轴方向上的比例变大了，而在其他两个轴方向上的比例缩小了，总体积保持不变，如图 2-40 所示。

案例——创建双摆模型

（1）启动 3ds Max，打开 3ds Max 操作界面。

（2）单击"创建"命令面板中的"几何体"按钮，在下面的下拉列表中选择"扩展基本体"选项，展开"对象类型"卷展栏，单击"切角长方体"按钮，在顶视图中单击并拖动鼠标，创建一个切角长方体，适当调整参数，作为底板，在透视图中的效果如图 2-41 所示。

（3）单击"切角长方体"按钮，在顶视图中切角长方体的左下角位置单击并拖动鼠标，再创建一个切角长方体，作为一根支架，如图 2-42 所示。

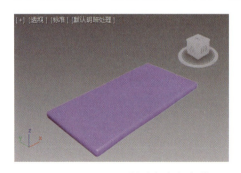
图 2-41　创建切角长方体

图 2-42　再创建一个切角长方体

（4）单击工具栏中的"选择并移动"按钮，在前视图中将新创建的用作支架的切角长方体沿 Y 轴方向移动，结果如图 2-43 所示。

（5）按住 Shift 键，在前视图中沿 Y 轴方向向右移动支架，在弹出的"克隆选项"对话框中选择"实例"选项，然后单击"确定"按钮，结果如图 2-44 所示。

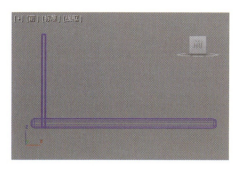 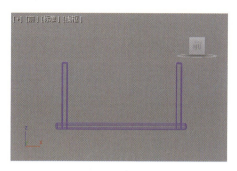

图 2-43 移动用作支架的切角长方体　　　　图 2-44 复制支架

（6）单击"扩展基本体"右侧的下拉按钮，在弹出的下拉列表中选择"标准基本体"选项，进入"标准基本体"创建面板。

（7）单击界面右下角的"所有视图最大化显示选定对象"按钮，然后在"对象类型"卷展栏中单击"圆柱体"按钮，在顶视图中创建一个圆柱体。

（8）在前视图中调整圆柱体的方向和高度，以使细杆位于两根支架之间，如图 2-45 所示。

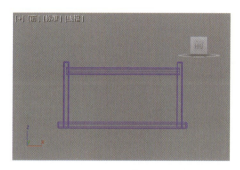

图 2-45 调整圆柱体的方向和高度

（9）利用区域选择方式，在前视图中选中两根支架和细杆，在顶视图中右击，将其激活，利用移动复制的方法，按住键盘上的 Shift 键，沿 Y 轴方向移动复制支架和细杆，结果如图 2-46 所示。此时在透视图中的效果如图 2-47 所示。

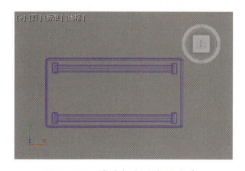 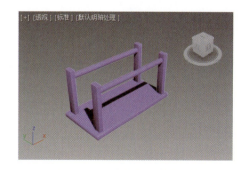

图 2-46 移动复制支架和细杆　　　　图 2-47 在透视图中的效果

（10）单击"球体"按钮，在顶视图中两根细杆的中间位置单击并拖动鼠标，创建一个球体作为摆球，如图 2-48 所示。

（11）激活前视图，单击"选择并移动"按钮，将球体沿 Y 轴方向移动一定高度，结果如图 2-49 所示。

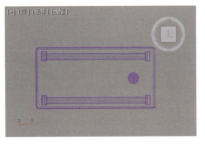 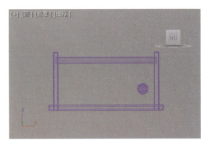

图 2-48　创建摆球　　　　　　　　　　　图 2-49　调整摆球的位置

（12）单击"圆柱体"按钮，激活顶视图，在摆球的中心位置单击并拖动鼠标，创建一个细圆柱体作为绳索，在前视图中沿 Y 轴方向移动绳索，结果如图 2-50 所示。

（13）激活左视图，利用旋转工具旋转绳索，并适当调整绳索的高度和半径值，结果如图 2-51 所示。

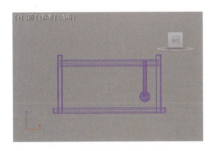 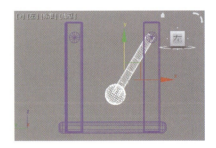

图 2-50　创建绳索并调整其位置　　　　　图 2-51　旋转绳索并调整其参数

（14）选中绳索，单击工具栏中的"镜像"按钮，在弹出的"镜像：世界 坐标"对话框中设置参数，如图 2-52 所示。镜像复制结果如图 2-53 所示。

 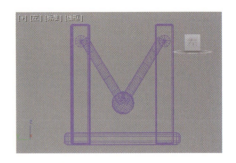

图 2-52　设置镜像复制的参数　　　　　　图 2-53　镜像复制结果

（15）在左视图中选中两条绳索和摆球，在顶视图中右击，将其激活，按住 Shift 键，沿 X 轴方向向左移动复制对象，弹出"克隆选项"对话框，设置"副本数"为"4"，如图 2-54 所示。复制结果如图 2-55 所示。

项目二 创建场景对象

图 2-54 设置"副本数"为"4"

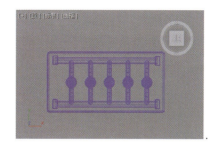
图 2-55 移动复制绳索和摆球

（16）调整透视图，最终的双摆模型效果如图 2-56 所示。

图 2-56 最终的双摆模型效果

综合案例 制作简易茶几

在创建场景对象时，通常会很难完成对象的准确放置，这时可以通过使用工具栏中的镜像、复制和对齐等工具来完成对象的定位操作。

（1）启动 3ds Max，打开 3ds Max 操作界面。

（2）单击"创建"命令面板中的"几何体"按钮，在下面的下拉列表中选择"标准基本体"选项，展开"对象类型"卷展栏，单击"长方体"按钮，在透视图中创建一个长方体。进入"修改"命令面板，长方体的参数设置如图 2-57 所示，在透视图中的效果如图 2-58 所示。

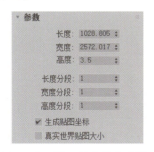
图 2-57 设置长方体的参数

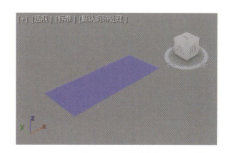
图 2-58 在透视图中创建的长方体

（3）单击"创建"命令面板中的"几何体"按钮，在下面的下拉列表中选择"扩展基本体"选项,展开"对象类型"卷展栏,单击"切角长方体"按钮,在透视图中创建一个切角长方体,参数设置如图 2-59 所示,在透视图中的效果如图 2-60 所示。

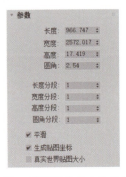 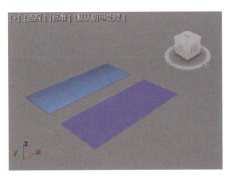

图 2-59　设置切角长方体的参数 1　　　图 2-60　在透视图中创建的切角长方体

（4）选中切角长方体,单击工具栏中的"对齐"按钮，再单击之前创建的长方体,弹出"对齐当前选择"对话框,如图 2-61 所示,设置对齐参数,单击"应用"按钮；再设置其在 Z 轴上的对齐参数,如图 2-62 所示。设置完成后的对齐效果如图 2-63 所示。

（5）单击"切角长方体"按钮,在"透视"视口中创建一个切角长方体,参数设置如图 2-64 所示,在透视图中的效果如图 2-65 所示。

图 2-61　设置对齐参数　　　　　　　图 2-62　设置在 Z 轴上的对齐参数 1

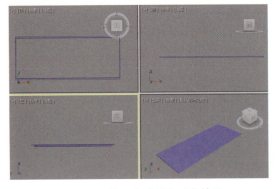 

图 2-63　设置完成后的对齐效果　　　　图 2-64　设置切角长方体的参数 2

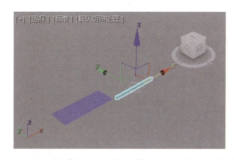

图 2-65 创建的切角长方体在透视图中的效果

（6）选中步骤（5）中创建的切角长方体，单击工具栏中的"对齐"按钮，然后在"透视"视口中单击如图 2-66 所示的长方体，设置其在 X 轴上的对齐参数，如图 2-67 所示。

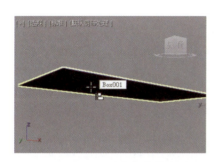

图 2-66 单击长方体

图 2-67 设置在 X 轴上的对齐参数

（7）单击"应用"按钮，然后设置在 Z 轴上的对齐参数，如图 2-68 所示。

图 2-68 设置在 Z 轴上的对齐参数 2

（8）单击"应用"按钮，再设置在 Y 轴上的对齐参数，如图 2-69 所示。对齐效果如图 2-70 所示。

3ds Max 三维动画制作

图 2-69　设置在 Y 轴上的对齐参数

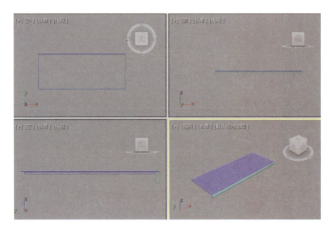

图 2-70　对齐效果

（9）激活顶视图，单击工具栏中的"选择并移动"按钮，按住 Shift 键，将步骤（5）中创建的切角长方体向上拖动，弹出"克隆选项"对话框，参数设置如图 2-71 所示，复制切角长方体。

图 2-71　复制切角长方体

（10）在"创建"命令面板中单击"C-Ext"按钮，在"透视"视口中完成 C 形墙物体的创建，创建参数和完成效果如图 2-72 所示。

 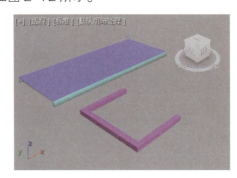

图 2-72　创建 C 形墙物体

（11）单击工具栏中的"选择并旋转"按钮，将该对象在"透视"视口中锁定 Y 轴旋转 90°。

（12）单击工具栏中的"对齐"按钮，将 C 形墙物体与长方体对象在"透视"视口中进行对齐，设置它们在 Y 轴上的对齐参数，如图 2-73 所示。

(13)单击"应用"按钮,然后设置两个物体在 X 轴上的对齐参数,如图 2-74 所示。

图 2-73　设置两个物体在 Y 轴上的对齐参数　　图 2-74　设置两个物体在 X 轴上的对齐参数

(14)单击"应用"按钮,再设置两个物体在 Z 轴上的对齐参数,如图 2-75 所示。两个物体的对齐效果如图 2-76 所示。

图 2-75　设置两个物体在 Z 轴上的对齐参数　　图 2-76　两个物体的对齐效果

(15)激活左视图,创建一个切角长方体,参数设置如图 2-77 所示,效果如图 2-78 所示。

 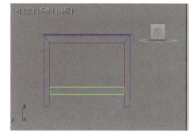 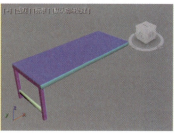

图 2-77　切角长方体的参数设置　　图 2-78　创建切角长方体后的效果

(16)激活顶视图,单击工具栏中的"选择并移动"按钮✥,按住 Shift 键,同时拖动 C 形墙和刚创建的切角长方体,完成复制,效果如图 2-79 所示。

图 2-79　复制 C 形墙和切角长方体

（17）在"创建"命令面板中单击"线"按钮，如图 2-80 所示，在"前"视口中创建一条未封闭的样条线，如图 2-81 所示。

图 2-80　单击"线"按钮　　　　图 2-81　创建样条线

（18）在"线"对象的参数面板中设置可渲染性，如图 2-82 所示，使线成为三维物体，如图 2-83 所示。

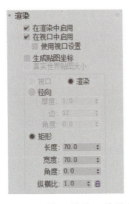
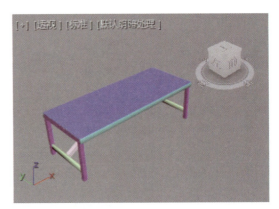

图 2-82　设置线的可渲染性　　　　图 2-83　使线成为三维物体

（19）单击工具栏中的"镜像"按钮，弹出"镜像：屏幕 坐标"对话框，如图 2-84 所示，镜像三维物体，设置完成后调整位置，结果如图 2-85 所示。

项目二 创建场景对象

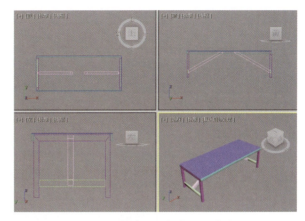

图 2-84 "镜像：屏幕 坐标"对话框　　　　图 2-85 镜像三维物体并调整位置

（20）在"创建"命令面板中单击"圆柱体"按钮，在前视图中创建一个圆柱体，参数设置如图 2-86 所示，最终完成简易茶几的创建，如图 2-87 所示。

图 2-86 设置圆柱体的参数　　　　图 2-87 创建的简易茶几

项目总结

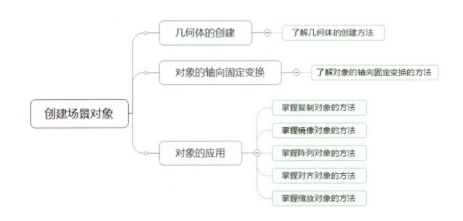

项目实战

实战　阵列小茶壶

（1）单击"创建"命令面板中的"几何体"按钮 ⬤，展开"对象类型"卷展栏，单击"茶壶"按钮，在透视图中创建一个茶壶，如图2-88所示。

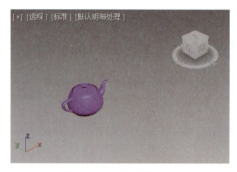

图2-88　创建的茶壶

（2）选择茶壶，执行"工具"→"阵列"菜单命令，弹出"阵列"对话框，参数设置如图2-89所示。

（3）单击"确定"按钮，退出对话框，阵列效果如图2-90所示。

　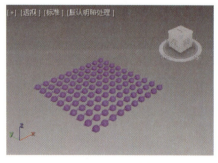

图2-89　设置阵列参数　　　　　　　图2-90　阵列效果

项目三

编辑场景对象

思政目标

> 渗透社会主义核心价值观。
> 学会理论联系实际,明白实践是检验真理的唯一标准。

技能目标

> 掌握二维图形的绘制和编辑方法。
> 掌握复合建模的方法。
> 了解多边形建模的方法。

项目导读

本项目所讲内容是创建三维造型十分常用的方法,也是制作三维动画的必要过程,读者应多加练习,多思考其原理,为以后的学习打下良好的基础。

任务一　二维图形的绘制和编辑

任务引入

小丽在等车时下起了小雨，可是找不到避雨的地方，她想如果设计一个候车厅，那么会不会很方便呢？通过对 3ds Max 的学习，应该如何绘制二维图形？怎样对二维图形进行编辑？怎样将二维图形转换成三维物体？

知识准备

二维图形是进行复杂建模的基础，需要较大的耐心，可以运用系统提供的图形创建工具来生成常用的二维图形，并对已有的二维图形进行修改以生成三维物体。

一、二维图形的绘制

二维图形由一条或多条样条线构成。二维图形的创建和修改在 3ds Max 中有很重要的作用。二维图形也是制作和组合复杂的不规则三维曲面模型的基础。

1."线"的绘制

线在 3ds Max 中的应用非常广泛，其绘制方法如下。

（1）执行"文件"→"重置"菜单命令，重新设置 3ds Max 的界面，并在顶视图中右击，将其激活。

（2）单击"创建"命令面板中的"图形"按钮，弹出的"图形"子面板如图 3-1 所示。

（3）在"图形"子面板中单击"线"按钮，在顶视图中的任意位置单击，作为线的起点，移动鼠标到另一位置并再次单击，这样就绘制出一条线段。如果要结束绘制，则单击鼠标右键。

（4）如果要绘制多边形框，则反复操作几次，最后将鼠标光标移至起始点并单击，此时系统会询问是否闭合样条线，如图 3-2 所示，单击"是"按钮，生成闭合图形，如图 3-3 所示。

2."矩形"的绘制

（1）执行"文件"→"重置"菜单命令，重新设置 3ds Max 的界面，并在顶视图中右击，将其激活。

图 3-1 "图形"子面板　　图 3-2 "样条线"对话框　　图 3-3 在顶视图中绘制的直线段闭合框

（2）单击"创建"命令面板中的"图形"按钮，在"图形"子面板中单击"矩形"按钮，在顶视图中的任意位置单击，作为矩形的一个角，按住鼠标左键拖动到另一位置松开，就绘制出一个矩形。

（3）如果要绘制正方形，则只需在按住鼠标左键拖动时按住 Ctrl 键不放即可。绘制的长方形和正方形如图 3-4 所示。

3．"圆"的绘制

圆是一种在实际创作中使用频率较高的二维平面图形，在创作过程中往往利用其一部分，与其他的二维图形复合，制作比较复杂的图形。下面举例说明。

（1）执行"文件"→"重置"菜单命令，重新设置 3ds Max 的界面，并在顶视图中右击，将其激活。

（2）单击"创建"命令面板中的"图形"按钮，在"图形"子面板中单击"圆"按钮，在顶视图中的任意位置单击，作为圆心，并按住鼠标左键拖动到另一位置松开，就绘制出一个圆，如图 3-5 所示。

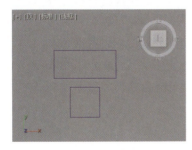 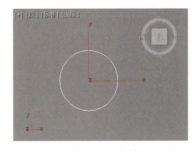

图 3-4 在顶视图中绘制的长方形和正方形　　图 3-5 在顶视图中绘制的圆

4．"文字"的创建

在 3ds Max 中，创建三维文字效果是非常方便的事情，而制作漂亮的三维文字效果的基础是平面文本的创建。下面举例说明。

（1）执行"文件"→"重置"菜单命令，重新设置 3ds Max 的界面，并在顶视图中右击，将其激活。

（2）单击"创建"命令面板中的"图形"按钮，在"图形"子面板中单击"文本"

按钮，在顶视图中的任意位置单击，就可以创建出系统默认的文本"MAX 文本"，如图 3-6 所示。

（3）展开"参数"卷展栏，在"文本"文本框中输入文字"三维书屋"，然后在字体下拉列表中选择字体为"楷体"，如图 3-7 所示，文字即变为想要的效果，如图 3-8 所示。

图 3-6　系统默认文本　　　图 3-7　设置文本参数　　　图 3-8　设置后的文字效果

其他二维图形的绘制方法与此类似，这里不再赘述。

二、二维图形的编辑

前面创建的二维图形往往不能满足需要。一般来讲，我们用在修改、编辑二维图形上的时间会更多。

在二维图形的编辑过程中，使用最多的是"编辑样条线"命令。该命令可以编辑曲线的 4 个层次，即物体层次、节点层次、线段层次及样条曲线层次。每个层次又有很多相应的操作，下面分别介绍。

1．在物体层次编辑曲线

在二维图形编辑状态关闭时，二维图形处于物体层次编辑状态，此时只有"几何体"卷展栏处于激活状态。下面举例说明。

（1）执行"文件"→"重置"菜单命令，重新设置 3ds Max 的界面。

（2）激活顶视图，制作一个由多边形和圆组成的场景，如图 3-9 所示。

（3）选取场景中的圆，在"修改"命令面板中的"修改器列表"下拉列表中选择"编辑样条线"修改器，对圆进行物体层次的修改。

（4）单击"几何体"卷展栏将其展开，然后单击"创建线"按钮，为圆添加两条耳朵形的曲线，此时新画的耳朵形曲线和圆连为一体，如图 3-10 所示。

（5）保持其处于选中状态，单击"附加"按钮，然后在视图中移动鼠标光标到多边形上，此时光标变成两个圆圈连在一起的形状，单击鼠标左键，场景中的圆脸形曲线和多边形连成一体，如图 3-11 所示。

（6）若要分离已经结合在一起的二维图形，则要用到"分离"按钮。现在就来练习把圆脸形曲线和多边形曲线复合体中的多边形分离出来。

（7）单击"附加"按钮，使其处于弹起状态，展开"选择"卷展栏，单击"样条线"按钮，然后在顶视图中选择多边形，使其呈红色选中状态，如图 3-12 所示。

图 3-9　独立的圆与多边形　　　　　　图 3-10　为圆添加耳朵形曲线

图 3-11　圆脸形曲线和多边形曲线复合体　　图 3-12　处于红色选中状态的多边形

（8）展开"几何体"卷展栏，找到"分离"按钮，单击使其处于按下状态，此时弹出分离对话框，单击"确定"按钮，多边形即可从复合图形中分离出来。

2．在节点层次编辑曲线

（1）在顶视图中创建一个矩形对象。

（2）选择矩形对象，在"修改"命令面板中的"修改器列表"下拉列表中选择"编辑样条线"修改器，在"选择"卷展栏中单击"顶点"按钮，此时在矩形的 4 个节点上出现十字标记，其中有一个节点含有一个小白框，表示此节点为此造型的起始节点。

（3）选取矩形的一个节点，此时节点两旁出现两个绿色的小方框和连接这两个小方框的调整杆，同时可以看到有节点的地方出现了红色的标记。通过视图中的绿色小方框可以调整节点的位置。节点有 4 种类型，分别如下。

- 平滑：强制把线段变成平滑的曲线，但仍和节点成相切状态。
- 角点：让节点两旁的线段能呈现任何角度。
- Bezier：提供一根角度调整杆，调整杆和节点相切。
- Bezier 角点：提供两根调整杆，可随意更改其方向以产生所需的角度。

（4）在选取的节点上右击，弹出的快捷菜单如图 3-13 所示，可以在此选择节点的类型。

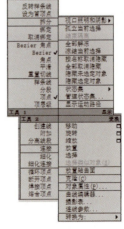

图 3-13　在选取的节点上右击时
弹出的快捷菜单

3. 在线段层次编辑曲线

（1）执行"文件"→"重置"菜单命令，重新设置 3ds Max 的界面。

（2）激活顶视图，在场景中创建一个星形和一个椭圆形。按住 Ctrl 键，选取场景中的星形和椭圆形，如图 3-14 所示。

（3）在"修改"命令面板中的"修改器列表"下拉列表中选择"编辑样条线"修改器，在"选择"卷展栏中单击"线段"按钮，此时可以对场景中构成星形和椭圆形的线段进行编辑操作。

（4）在视图中框选星形的一部分和椭圆形的下半部分，使其呈红色状态，如图 3-15 所示。

图 3-14　选取星形和椭圆形

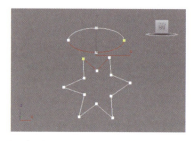
图 3-15　框选星形的一部分和椭圆形的下半部分

（5）按 Delete 键删除选中的线段，此时场景中的星形和椭圆形变成开放的曲线，如图 3-16 所示。

4. 在样条曲线层次编辑曲线

（1）还用上面的例子来讲解。单击"选择"卷展栏中的"样条线"按钮，然后选取场景中的半椭圆形曲线，再单击"几何体"卷展栏中的"闭合"按钮，此时会有一条弯曲的线段将半椭圆形曲线的两个端点连接起来。

（2）在视图中选取开放的星形曲线，单击"闭合"按钮，此时会有一条直线段将星形曲线封闭起来，如图 3-17 所示。

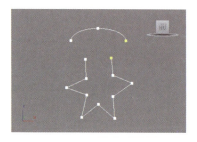
图 3-16　星形和椭圆形变成开放的曲线

图 3-17　闭合后的图形

（3）查看视图中星形和半椭圆形的节点类型，其中半椭圆形是"Bezier"节点类型，星形是"Bezier 角点"节点类型。

（4）确保星形曲线处于样条曲线编辑层次，单击"几何体"卷展栏中的"轮廓"按钮，使其处于按下状态，在后面的数值框内输入"10"，观察星形曲线的变化，如图 3-18 所示。

三、将二维图形转换成三维物体

二维图形是进行复杂建模的基础。将二维图形转换成三维物体的方法包括为二维图形添加可渲染特性、运用"挤出"修改器挤出二维图形、运用"车削"修改器旋转截面曲线及运用"倒角"修改器创建带倒角的实体模型。

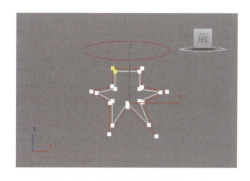

图 3-18 星形曲线产生的轮廓线

1."挤出"建模

"挤出"修改器的功能非常强大,它能将闭合或开放的二维造型沿垂直方向拉伸,从而生成三维物体。下面通过台阶模型的制作来进行讲解。

(1)执行"文件"→"重置"菜单命令,重新设置 3ds Max 的界面。

(2)激活左视图,单击"创建"命令面板中的"图形"按钮,在"图形"子面板中单击"线"按钮,在视图中利用网格绘制闭合台阶截面曲线,如图 3-19 所示。

(3)进入"修改"命令面板,在"修改器列表"下拉列表中选择"编辑样条线"修改器,然后单击"选择"卷展栏中的"顶点"按钮 ,此时我们所绘制的图形中的所有点都会显示出来。

(4)选取左上角不规则的点,单击鼠标右键,在弹出的快捷菜单中选择其类型为"角点",台阶截面曲线即变为如图 3-20 所示的样子。

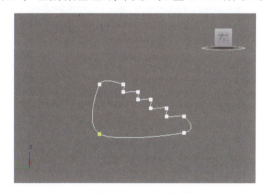

图 3-19 绘制的闭合台阶截面曲线

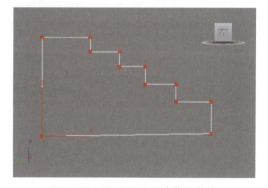

图 3-20 修改后的台阶截面曲线

(5)单击"顶点"按钮 ,取消节点层次编辑。在"修改器列表"下拉列表中选择"挤出"修改器,并设置参数,如图 3-21 所示。

(6)单击界面右下角的"所有视图最大化显示选定对象"按钮,在透视图中可以看到挤压而成的台阶模型,如图 3-22 所示。

2."车削"建模

"车削"修改器可以通过旋转把二维造型转换成三维物体,用于生成三维物体的源造型通常是目标造型横截面的一半。下面通过杯子模型的制作来进行介绍。

 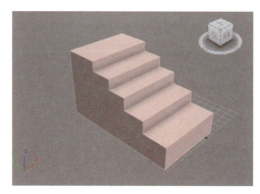

图 3-21　设置挤出参数　　　　　图 3-22　台阶模型

（1）执行"文件"→"重置"菜单命令，重新设置 3ds Max 的界面。

（2）激活前视图，单击"创建"命令面板中的"图形"子面板中的"线"按钮，在视图中利用网格绘制一条闭合曲线，如图 3-23 所示。

（3）进入"修改"命令面板，在"修改器列表"下拉列表中选择"编辑样条线"修改器，然后单击"选择"卷展栏中的"顶点"按钮，此时我们所绘制的图形中的所有点都会显示出来。将其中一些点的类型设置为"Bezier"，并进行调整，使杯子截面光滑、匀称，结果如图 3-24 所示。

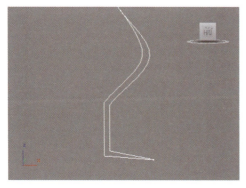 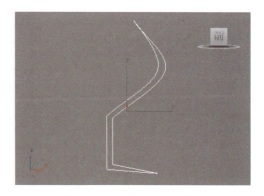

图 3-23　绘制一条闭合曲线　　　　　图 3-24　调整后的杯子截面

（4）再次单击"顶点"按钮，退出节点层次编辑。在"修改器列表"下拉列表中选择"车削"命令，视图中的图形如图 3-25 所示。

（5）展开"参数"卷展栏，在"对齐"下单击"最小"按钮，即可得到杯子的形状，结果如图 3-26 所示。

3．"倒角"建模

"倒角"修改器通常用于二维图形的拉伸变形，在拉伸的同时，可以在边界上加入直角或圆形倒角。该修改器多用于制作三维文字标志。

（1）执行"文件"→"重置"菜单命令，重新设置 3ds Max 的界面。

 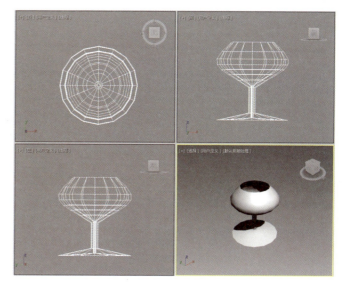

图 3-25 默认对齐方式下的旋转体　　图 3-26 选择"最小"对齐方式后的旋转体

（2）激活前视图，在"创建"命令面板中的"图形"子面板中单击"文本"按钮，在视图中创建"DISNEY"字样，如图 3-27 所示。

（3）进入"修改"命令面板，在"修改器列表"下拉列表中选择"倒角"命令，然后展开下面的"倒角值"卷展栏，参数设置如图 3-28 所示。

图 3-27 创建"DISNEY"字样　　图 3-28 设置倒角值参数

（4）单击界面右下角的"所有视图最大化显示选定对象"按钮，可以看到制作完成的有斜切的立体字模型，如图 3-29 所示。

4. "倒角剖面"建模

"倒角剖面"修改器是"倒角"修改器的延伸，在制作时需要先画出倒角轮廓线和放样路径。需要注意的是，制作完成后倒角轮廓线不能删除，否则模型也将被删除。下面举例说明。

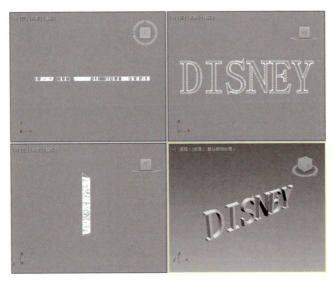

图 3-29　设置好参数后的立体字模型

（1）执行"文件"→"重置"菜单命令，重新设置 3ds Max 的界面。

（2）激活顶视图，单击"创建"命令面板中的"图形"子面板中的"多边形"按钮，在视图中创建一个六边形。

（3）激活前视图，单击"创建"命令面板中的"图形"子面板中的"线"按钮，在视图中绘制一条曲线作为路径，结果如图 3-30 所示。

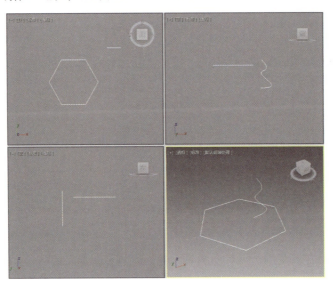

图 3-30　绘制六边形和曲线

（4）选中六边形，在"修改"命令面板中的"修改器列表"下拉列表中选择"倒角剖面"命令，然后展开"参数"卷展栏，单击"拾取剖面"按钮，使其处于按下状态。移动鼠标光标到绘制好的路径曲线上，当光标变成十字形时单击，视图中的模型发生了变化。

（5）单击界面右下角的"所有视图最大化显示选定对象"按钮，可以看到制作完成的截面为六边形的葫芦状模型，如图 3-31 所示。

项目三 编辑场景对象

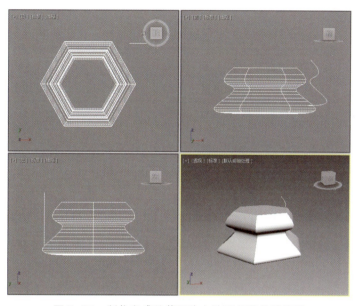

图 3-31 制作完成的截面为六边形的葫芦状模型

案例——制作候车亭

（1）启动 3ds Max，打开 3ds Max 操作界面。

（2）激活前视图，在"创建"命令面板中的"图形"子面板中单击"线"按钮，最大化显示前视图，在视图中绘制一条曲线，如图 3-32 所示。

（3）进入"修改"命令面板，在"修改器列表"下拉列表中选择"编辑样条线"命令，然后单击"选择"卷展栏中的"顶点"按钮，此时我们所绘制的图形中的所有点都会显示出来。调整点的位置和类型，结果如图 3-33 所示。

图 3-32 柱子截面雏形

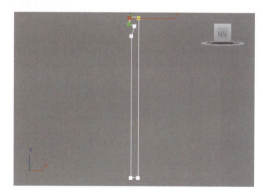

图 3-33 调整后的柱子截面

（4）单击"顶点"按钮，退出节点层次编辑。

（5）在"修改器列表"下拉列表中选择"车削"命令，展开"参数"卷展栏，在"对齐"下单击"最大"按钮，得到柱子模型，结果如图 3-34 所示。

（6）激活左视图，在适当位置绘制一个椭圆形，如图 3-35 所示。

55

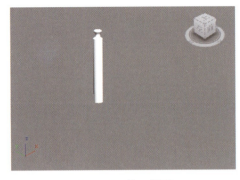 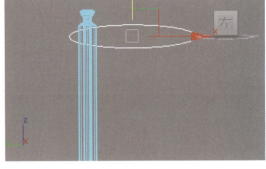

图 3-34　柱子模型　　　　　　　　图 3-35　绘制一个椭圆形

（7）进入"修改"命令面板，在"修改器列表"下拉列表中选择"编辑样条线"命令，然后单击"选择"卷展栏中的"顶点"按钮，此时所绘制的图形中的所有点都会显示出来。

（8）展开"几何体"卷展栏，单击"断开"按钮，把椭圆形从离柱子最近的点处断开，并进行相应的移动，调整后如图 3-36 所示。

（9）单击下面的"连接"按钮，在断开的一个点上单击并拖动鼠标到另一个点上，这样两个点就连接了起来，结果如图 3-37 所示。

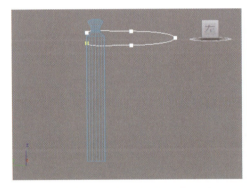 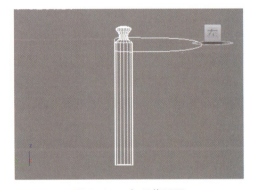

图 3-36　断开并移动后的椭圆形　　　图 3-37　亭顶截面图

（10）单击"顶点"按钮，退出节点层次编辑。在"修改器列表"下拉列表中选择"挤出"命令，并设置"数量"参数值为"500"（可视情况调整），结果如图 3-38 所示。

（11）亭壁可用一个长方体来代替，相对位置如图 3-39 所示。

（12）激活顶视图，选中柱子，在按住 Shift 键的同时，使用移动工具沿 X 轴方向将其移动到亭子的另一侧，弹出"克隆选项"对话框，选择"实例"方式，结果如图 3-40 所示。

（13）在左视图中使用移动工具对各模型的位置进行调整。激活透视图，查看制作完成的候车亭效果，如图 3-41 所示。至此，候车亭制作结束。

项目三 编辑场景对象

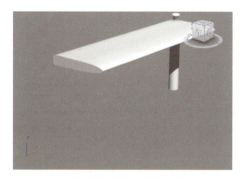

图 3-38 绘制成的亭顶

图 3-39 加入亭壁后的效果

图 3-40 复制柱子

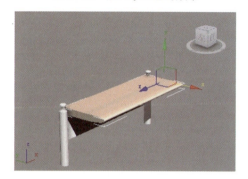

图 3-41 制作完成的候车亭效果

任务二 复合建模

任务引入

小丽在逛街时发现一家商店的雕塑模型非常漂亮,于是想自己设计一个,那么应该怎么操作呢?通过对 3ds Max 的学习,可以运用放样的方法来完成。那么,如何运用放样的方法来建模呢?

知识准备

利用复合建模命令可以将两个或多个对象组合成单个对象。3ds Max 提供了放样、布尔、散布和连接等多种复合建模命令,下面介绍常用的复合建模命令。

一、放样建模

放样建模即沿着路径挤出二维图形。从两个或多个现有样条线对象中创建放样对象,这些样条线之一会作为路径,其余的样条线会作为放样对象的横截面或图形。在沿着路径排列图形时,3ds Max 会在图形之间生成曲面。

下面以举例的形式详细介绍放样物体的绘制。

（1）单击"创建"命令面板中的"图形"按钮，在下面的下拉列表中选择"样条线"选项，展开"对象类型"卷展栏，单击"圆"按钮，在顶视图中创建一大一小两个圆形。然后单击"星形"按钮，在顶视图中创建一个带圆角的多点星形，结果如图 3-42 所示。这 3 个图形将作为放样图形。

（2）单击"线"按钮，在前视图中从上到下创建一条直线段，作为放样的路径，如图 3-43 所示。

图 3-42　创建放样图形

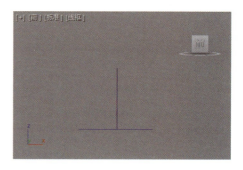
图 3-43　创建放样路径

（3）选中直线段，单击"几何体"按钮，在下面的下拉列表中选择"复合对象"选项，如图 3-44 所示，即可进入复合对象创建面板，如图 3-45 所示。

（4）在"对象类型"卷展栏中单击"放样"按钮，会出现放样的相关参数面板，如图 3-46 所示。

（5）在"创建方法"卷展栏中可以选择放样的方法，这里单击"获取图形"按钮。在顶视图中将鼠标光标移动到较小的圆形上，当光标变成形状时单击，获取圆形，结果如图 3-47 所示。

（6）在"路径参数"卷展栏中将"路径"参数值设置为 3，再次单击"获取图形"按钮，在顶视图中单击较大的圆形，结果如图 3-48 所示。

图 3-44　选择"复合对象"选项

图 3-45　复合对象创建面板

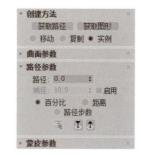
图 3-46　放样的相关参数面板

项目三　编辑场景对象

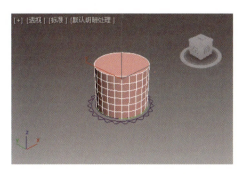 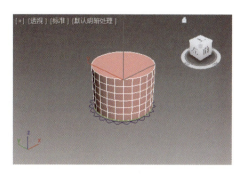

图 3-47　获取第一个图形后的放样效果　　　　图 3-48　获取第二个图形后的放样效果

（7）在"路径参数"卷展栏中将"路径"参数值设置为 100，再次单击"获取图形"按钮，在顶视图中单击星形，并将图形旋转，结果如图 3-49 所示。

（8）如果想让桌布的褶皱稍微扭曲以显得自然一些，则可单击"修改"按钮 ，进入"修改"命令面板。

（9）在修改器堆栈中单击"Loft"字样前面的 ▶ 按钮，进入放样子对象层次。单击"图形"字样，在"修改"命令面板中出现"图形命令"卷展栏，如图 3-50 所示。

图 3-49　获取第三个图形后的放样效果

（10）单击"比较"按钮，弹出"比较"对话框，如图 3-51 所示。

（11）单击"比较"对话框中的"拾取图形"按钮 ，将鼠标光标放在放样体的顶端位置，此时光标变成如图 3-52 所示的形状。

（12）单击即可将较小的圆形拾取进来。使用同样的方法在放样体上拾取较大的圆形和星形，结果如图 3-53 所示。

图 3-50　"图形命令"卷展栏　　　　　　　　图 3-51　"比较"对话框

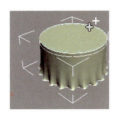
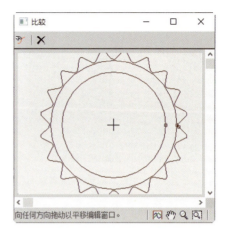

图 3-52　拾取图形时光标的形状　　　　图 3-53　拾取所有图形后的"比较"对话框

 提示

这里需要在放样体上拾取图形,而不是拾取刚开始绘制的图形。另外,在拾取图形时,也可以在其他视图中进行。

(13)从图 3-53 中可以看出,所有图形的首顶点都是对齐的,所以生成的放样体比较规则,下面进行适当调整。

(14)单击"比较"对话框中的"拾取图形"按钮 ,退出拾取图形操作。

(15)在左视图中放样体的末端单击,选中星形图形,单击工具栏中的"选择并旋转"按钮 ,在顶视图中绕 Z 轴适当旋转选中的图形,"比较"对话框中的图形位置也将发生变化。

(16)单击修改器堆栈中的"图形"字样,退出图形子对象层次。删除视图中的多余样条线,调整视图,最终的桌布放样体如图 3-54 所示。

在生成放样体后,就可以对放样体进行各种修改。选中放样体,进入"修改"命令面板,可以看到有 5 个参数卷展栏,下面分别介绍。

① "创建方法"卷展栏如图 3-55 所示。

图 3-54　最终的桌布放样体　　　　图 3-55　"创建方法"卷展栏

- 获取路径:将路径指定给选定图形或更改当前指定的路径,在先选中图形时单击该按钮。
- 获取图形:将图形指定给选定路径或更改当前指定的图形,在先选中路径时单击该按钮。

- 移动/复制/实例：用于指定将路径或图形转换为放样对象的方式。

② "曲面参数"卷展栏如图 3-56 所示，可以在此控制放样曲面的平滑及指定是否沿着放样对象应用纹理贴图。

图 3-56 "曲面参数"卷展栏

- 平滑长度：沿着路径的长度提供平滑曲面。当路径曲线或路径上的图形更改大小时，这类平滑非常有用。平滑长度标示图如图 3-57 所示。
- 平滑宽度：围绕横截面图形的周界提供平滑曲面。当图形更改顶点数或外形时，这类平滑非常有用。
- 应用贴图：启用或禁用放样贴图坐标。必须先启用"应用贴图"功能才能访问其余的项目。
- 长度重复：设置沿着路径的长度重复贴图的次数，贴图的底部放置在路径的第一个顶点处。
- 宽度重复：设置围绕横截面图形的周界重复贴图的次数，贴图的左边缘将与每个图形的第一个顶点对齐。
- 规格化：启用该选项后，将沿着路径长度并围绕图形平均应用贴图坐标和重复值。若禁用该选项，则按照路径划分间距或图形顶点间距成比例应用贴图坐标和重复值。

③ "路径参数"卷展栏如图 3-58 所示，在此可以控制沿着放样对象路径在各个间隔期间的图形位置。

图 3-57 平滑长度标示图

图 3-58 "路径参数"卷展栏

- 路径：通过输入值或调节微调器来设置路径的级别。该路径值依赖于所选择的测量方法，更改测量方法将导致路径值的改变。
- 捕捉：用于设置沿着路径图形之间的恒定距离，仅当后面的"启用"复选框被勾选时才可用。
- 百分比：将路径级别表示为路径总长度的百分比。

- 距离：将路径级别表示为路径第一个顶点的绝对距离。
- 路径步数：将图形置于路径步数和顶点上，而不是作为沿着路径的一个百分比或距离。

④ "蒙皮参数"卷展栏如图3-59所示，在此可以调整放样对象网格的复杂性，还可以通过控制面数来优化网格。

图3-59 "蒙皮参数"卷展栏

- 封口始端：如果启用该选项，则路径第一个顶点处的放样端被封口；如果禁用该选项，则放样端为打开或不封口状态。封口始端标示图如图3-60所示。
- 封口末端：如果启用该选项，则路径最后一个顶点处的放样端被封口；如果禁用该选项，则放样端为打开或不封口状态。封口末端标示图如图3-61所示。

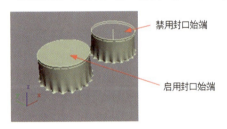

图3-60 封口始端标示图

图3-61 封口末端标示图

- 图形步数：设置横截面图形的每个顶点之间的步数。该值会影响围绕放样周界的边的数目。图形步数标示图如图3-62所示。
- 路径步数：设置路径的每个主分段之间的步数。该值会影响沿放样长度方向的分段的数目。路径步数标示图如图3-63所示。

图3-62 图形步数标示图

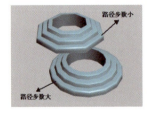

图3-63 路径步数标示图

- 优化图形：启用该选项后，对于横截面图形的直分段，忽略"图形步数"。如果路径上有多个图形，则只优化在所有图形上都匹配的直分段。优化图形标示图如图 3-64 所示。
- 优化路径：启用该选项后，对于路径的直分段，忽略"路径步数"。路径步数设置仅适用于弯曲截面，仅在路径步数模式下才可用。优化路径标示图如图 3-65 所示。

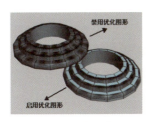

图 3-64　优化图形标示图

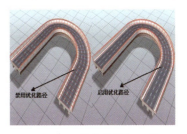

图 3-65　优化路径标示图

- 自适应路径步数：如果启用该选项，则分析放样，并调整路径分段的数目，以生成最佳蒙皮。主分段将沿路径出现在路径顶点、图形位置和变形曲线顶点处。如果禁用该选项，则主分段将沿路径只出现在路径顶点处。
- 轮廓：若启用该选项，则每个图形都将遵循路径的曲率。每个图形的正 Z 轴与形状层级中路径的切线对齐。若禁用该选项，则图形保持平行，且与放置在层级 0 中的图形保持相同的方向。轮廓标示图如图 3-66 所示。
- 倾斜：若启用该选项，则只要路径弯曲并改变其局部 Z 轴的高度，图形便围绕路径旋转。倾斜量由 3ds Max 控制。如果是 2D 路径，则忽略该选项。若禁用该选项，则图形在穿越 3D 路径时不会围绕其 Z 轴旋转。倾斜标示图如图 3-67 所示。

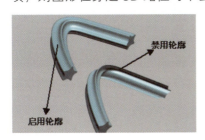

图 3-66　轮廓标示图

图 3-67　倾斜标示图

- 恒定横截面：若启用该选项，则在路径中的角处缩放横截面，以保持路径宽度一致。若禁用该选项，则横截面保持其原来的局部尺寸，从而在路径中的角处产生收缩。恒定横截面标示图如图 3-68 所示。
- 线性插值：若启用该选项，则使用图形之间的直边生成放样蒙皮。若禁用该选项，则使用图形之间的平滑曲线生成放样蒙皮。线性插值标示图如图 3-69 所示。
- 翻转法线：可使用此选项来修正内部外翻的对象。

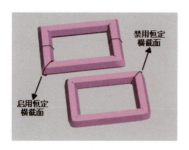

图 3-68　恒定横截面标示图

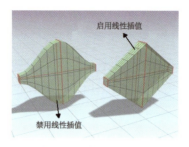

图 3-69　线性插值标示图

- 四边形的边：如果启用该选项且放样对象的两部分具有相同数目的边，则将两部分缝合到一起的面将显示为四边形。具有不同边数的两部分之间的边将不受影响，仍与三角形连接。
- 变换降级：使放样蒙皮在子对象图形/路径变换过程中消失。
- 蒙皮：如果启用该选项，则使用任意着色层在所有视图中显示放样的蒙皮，并忽略明暗处理视图中的蒙皮设置。如果禁用该选项，则只显示放样子对象。蒙皮标示图如图 3-70 所示。
- 明暗处理视图中的蒙皮：如果启用该选项，则忽略蒙皮设置，在明暗处理视图中显示放样的蒙皮。如果禁用该选项，则根据蒙皮设置来控制蒙皮的显示。明暗处理视图中的蒙皮标示图如图 3-71 所示。

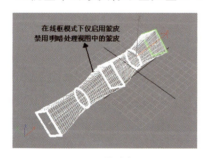

图 3-70　蒙皮标示图

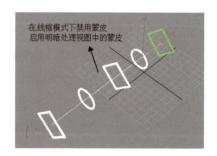

图 3-71　明暗处理视图中的蒙皮标示图

⑤ "变形"卷展栏如图 3-72 所示，可以用来沿路径缩放、扭曲、倾斜、倒角或拟合形状。单击相关按钮，会弹出变形对话框，以"缩放"变形为例，其对话框如图 3-73 所示。所有变形都是通过变形对话框来完成的，下面逐个介绍。

图 3-72　"变形"卷展栏

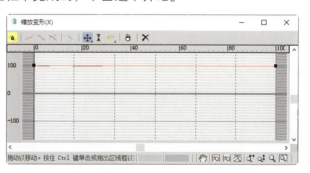

图 3-73　"缩放变形"对话框

- 缩放：单击该按钮打开"缩放变形"对话框，可以利用曲线控制图形沿路径的缩放程度。缩放变形效果标示图如图 3-74 所示。
- 扭曲：使用扭曲变形可以沿着对象的长度创建盘旋或扭曲的对象，扭曲将沿着路径指定旋转量。扭曲变形效果标示图如图 3-75 所示。

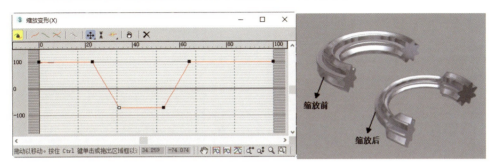

图 3-74　缩放变形效果标示图

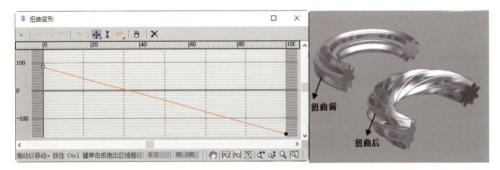

图 3-75　扭曲变形效果标示图

- 倾斜：倾斜变形围绕局部 X 轴和 Y 轴旋转图形。倾斜变形效果标示图如图 3-76 所示。

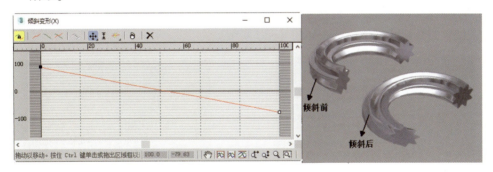

图 3-76　倾斜变形效果标示图

- 倒角：使用倒角变形可为放样体的边部添加切角，倒角曲线控制切角的程度。倒角变形效果标示图如图 3-77 所示。
- 拟合：使用拟合变形可以使用两条拟合曲线来定义对象的顶部和侧剖面。拟合变形效果标示图如图 3-78 所示。

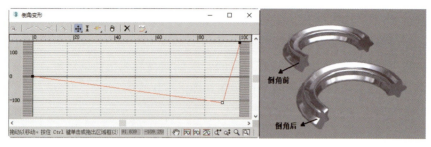

图 3-77　倒角变形效果标示图

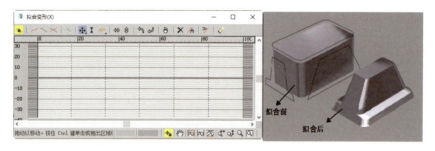

图 3-78　拟合变形效果标示图

二、布尔建模

布尔建模即通过对两个对象执行布尔操作将它们组合起来。例如，可以从一个对象中挖去与其相交的对象，也可以创建两个对象相交的部分等。

下面以举例的形式详细介绍布尔建模。

（1）进入"创建"命令面板，单击"几何体"按钮，在下面的下拉列表中选择"标准基本体"选项，展开"对象类型"卷展栏，在透视图中创建一个长方体和一个圆柱体，如图 3-79 所示。

（2）单击工具栏中的"选择并移动"按钮，在视图中调整长方体和圆柱体的相对位置，使长方体和圆柱体相交，如图 3-80 所示。

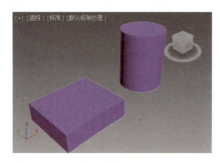 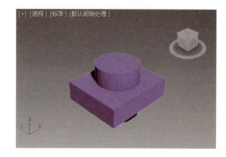

图 3-79　创建一个长方体和一个圆柱体　　图 3-80　调整长方体和圆柱体的相对位置

（3）单击"标准基本体"右侧的下拉按钮，在弹出的下拉列表中选择"复合对象"选项，在"对象类型"卷展栏中单击"布尔"按钮，在"修改"命令面板中会出现布尔运算相关参数卷展栏。

（4）在"运算对象参数"卷展栏中选择要采用哪种布尔运算，这里采用默认设置。

（5）在"布尔参数"卷展栏中单击"添加运算对象"按钮，然后在视图中单击圆柱体，结果如图3-81所示。

布尔运算有两个参数卷展栏，下面分别介绍。

① "布尔参数"卷展栏如图3-82所示。

图3-81 布尔运算结果

图3-82 "布尔参数"卷展栏

- 添加运算对象：用于选择用以完成布尔操作的第二个对象。
- 移除运算对象：将所选运算对象从复合对象中移除。

② "运算对象参数"卷展栏如图3-83所示，在这里可以选择布尔运算类型。

- 并集：布尔对象包含两个原始对象的体积，将移除几何体的相交部分或重叠部分。并集标示图如图3-84所示。
- 交集：布尔对象只包含两个原始对象共用的体积（重叠的位置）。交集标示图如图3-85所示。

图3-83 "运算对象参数"卷展栏

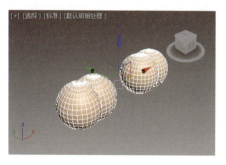

图3-84 并集标示图

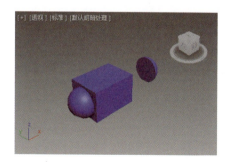

图3-85 交集标示图

- 差集：从基础（最初选定）对象中减去相交的操作对象的体积。差集标示图如图3-86所示。

- 合并：使两个网格相交并组合，而不移除任何原始多边形。在相交对象的位置创建新边。对于需要有选择地移除网格的某些部分的情况，这可能很有用。合并标示图如图 3-87 所示。

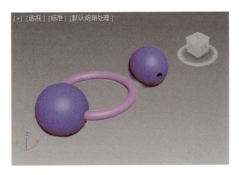
图 3-86　差集标示图

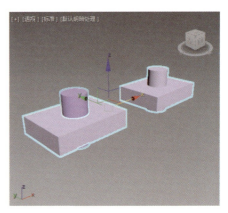
图 3-87　合并标示图

- 附加：将多个对象合并成一个对象，而不影响各对象的拓扑；各对象在实质上是复合对象中的独立元素。
- 插入：从操作对象 A（当前结果）上减去操作对象 B（新添加的操作对象）的边界图形，操作对象 B 的图形不受此操作的影响。
- 盖印：启用此选项后，可在操作对象与原始网格之间插入（盖印）相交边，而不移除或添加面。
- 切面：启用"切面"选项后，可执行指定的布尔操作，但不会将操作对象的面添加到原始网格中。选定运算对象的面未添加到布尔结果中。可以使用该选项在网格中剪切一个洞，或者获取网格在另一个对象内部的部分。
- 应用运算对象材质：将已添加操作对象的材质应用于整个复合对象上。
- 保留原始材质：保留应用于复合对象上的现有材质。
- 结果：显示布尔操作的结果，即布尔对象。结果标示图如图 3-88 所示。
- 运算对象：显示操作对象，而不是布尔结果。运算对象标示图如图 3-89 所示。

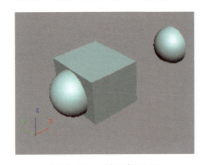
图 3-88　结果标示图

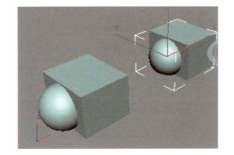
图 3-89　运算对象标示图

- 选定的运算对象：显示选定的操作对象。操作对象的轮廓会以一种显示当前所执行布尔操作的颜色标出。

- 显示为已明暗处理：启用该选项后，在视口中会显示已明暗处理的操作对象。

三、散布建模

散布是复合对象的一种形式，将所选的源对象散布为阵列或散布到分布对象的表面。下面以举例的形式详细介绍散布建模。

（1）进入"创建"命令面板，单击"几何体"按钮⬤，在下面的下拉列表中选择"标准基本体"选项，展开"对象类型"卷展栏，在透视图中创建一个平面和一个球体，如图3-90所示。

（2）选中球体，单击"标准基本体"右侧的下拉按钮，在弹出的下拉列表中选择"复合对象"选项，在"对象类型"卷展栏中单击"散布"按钮，在"修改"命令面板中会出现散布相关参数卷展栏。

（3）在"拾取分布对象"卷展栏中单击"拾取分布对象"按钮，然后在透视图中单击球体，结果如图3-91所示。

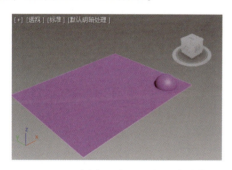
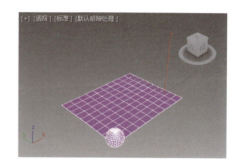

图3-90 创建一个平面和一个球体　　　　　图3-91 初步散布效果

（4）在"散布对象"卷展栏中设置"重复数"参数值为15，结果如图3-92所示。散布对象的参数较多，这里只介绍常用的参数卷展栏或参数区。

① "拾取分布对象"卷展栏如图3-93所示。

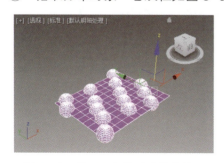
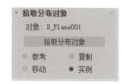

图3-92 设置重复数后的散布效果　　　　图3-93 "拾取分布对象"卷展栏

拾取分布对象：单击此按钮，然后在场景中选择一个对象，将其指定为分布对象。

② "散布对象"卷展栏中的参数较多，这里仅介绍常用的参数区。"源对象参数"参数区如图3-94所示。

- 重复数：指定散布的源对象的重复项数目。如果使用面中心或顶点分布重复项，则重复数将被忽略。重复数标示图如图 3-95 所示。

图 3-94 "源对象参数"参数区　　　　图 3-95 重复数标示图

- 基础比例：改变源对象的比例，同样也影响每个重复项。该比例作用于其他任何变换之前。基础比例标示图如图 3-96 所示。
- 顶点混乱度：对源对象的顶点应用随机扰动。顶点混乱度标示图如图 3-97 所示。

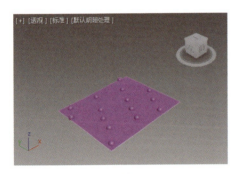

图 3-96 基础比例标示图　　　　图 3-97 顶点混乱度标示图

- 动画偏移：用于指定每个源对象重复项的动画偏移前一个重复项的帧数，可以使用此功能来生成波形动画。

③ "分布对象参数"参数区如图 3-98 所示，在这里可以设置源对象如何在分布对象上散布。

- 区域：在分布对象的整个表面区域上均匀地分布重复对象。
- 偶校验：用分布对象中的面数除以重复项数目，并在放置重复项时跳过分布对象中相邻的面数。
- 跳过 N 个：在放置重复项时跳过 N 个面，该可编辑字段指定了在放置下一个重复项之前要跳过的面数。例如，将该参数的值设置为 1，则跳过相邻的面。区域、偶校验及跳过 N 个标示图如图 3-99 所示。
- 随机面：在分布对象的表面随机放置重复项。
- 沿边：沿着分布对象的边随机放置重复项。
- 所有顶点：在分布对象的每个顶点上放置一个重复对象，重复数的值将被忽略。随机面、沿边、所有顶点标示图如图 3-100 所示。

- 所有边的中点：在每个分段边的中点处放置一个重复项，重复数的值将被忽略。
- 所有面的中心：在分布对象的每个三角形面的中心位置放置一个重复项，重复数的值将被忽略。
- 体积：遍及分布对象的体积散布对象，而其他所有选项都将分布限制在表面上。所有边的中点、所有面的中心、体积标示图如图 3-101 所示。

图 3-98 "分布对象参数"参数区

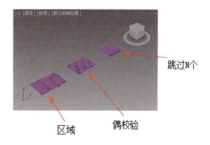

图 3-99 区域、偶校验及跳过 N 个标示图

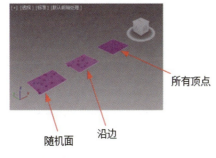

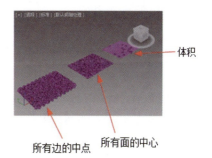

图 3-100 随机面、沿边、所有顶点标示图　　图 3-101 所有边的中点、所有面的中心、体积标示图

四、连接建模

使用连接复合建模命令可通过对象表面的洞连接两个或多个对象。要执行此操作，应先删除每个对象的面，在其表面创建一个或多个洞，并确定洞的位置，以使洞与洞之间面对面，然后应用连接命令。

（1）单击"创建"命令面板中的"图形"按钮，在下面的下拉列表中选择"样条线"选项，展开"对象类型"卷展栏，单击"线"按钮，在前视图中绘制杯子曲线，如图 3-102 所示。

（2）选中曲线，进入"修改"命令面板，单击"选择"卷展栏中的"样条线"按钮，进入样条线层次。

（3）单击曲线，在"几何体"卷展栏中单击"轮廓"按钮，为样条线添加适当的轮廓，改变顶点的类型为"平滑"，结果如图 3-103 所示。

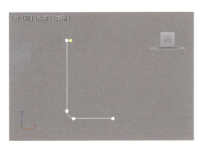
图 3-102 绘制杯子曲线

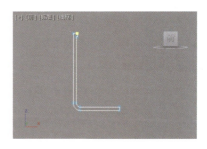
图 3-103 添加轮廓

（4）退出子对象层次，选中曲线，在"修改器列表"下拉列表中选择"车削"修改器，设置适当的参数，结果如图 3-104 所示。

（5）选中车削生成体，在"修改器列表"下拉列表中选择"编辑网格"修改器，进入多边形子对象层次。

（6）确保"忽略背面"复选框处于勾选状态，然后在左视图中选中如图 3-105 所示的多边形面。

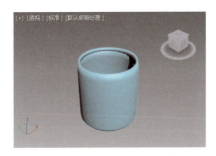
图 3-104 车削生成体

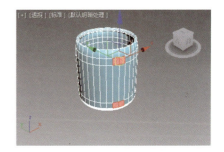
图 3-105 选中多边形面

（7）按 Delete 键将选中的多边形面删除，形成两个洞，在透视图中的效果如图 3-106 所示。

（8）展开标准基本体创建面板，在左视图中创建一个圆环，透视图显示效果如图 3-107 所示。

图 3-106 删除选中的多边形面

图 3-107 创建圆环

（9）选中圆环，为其添加"编辑网格"修改器，进入多边形子对象层次，取消勾选"忽略背面"复选框，删除圆环右侧的多边形面，适当调整位置，结果如图 3-108 所示。

（10）选中圆环，进入复合对象创建面板。单击"连接"按钮，在"拾取运算对象"卷展栏中单击"拾取运算对象"按钮,然后在透视图中单击车削生成体,结果如图 3-109 所示。

图 3-108 删除圆环右侧的多边形面

图 3-109 连接车削生成体

(11)生成初步连接体后,就可以在参数卷展栏中设置连接参数了,以获得满意的连接效果。

连接参数卷展栏与其他复合对象的参数卷展栏有相似之处,下面只介绍其独特的参数。"拾取运算对象"卷展栏如图 3-110 所示。

- 分段:设置连接桥中的分段数目。分段标示图如图 3-111 所示。

图 3-110 "拾取运算对象"卷展栏

图 3-111 分段标示图

- 张力:控制连接桥的曲率。值为 0 表示无曲率,值越大,匹配连接桥两端的表面法线的曲线越平滑。张力标示图如图 3-112 所示。
- 桥:在连接桥的面之间应用平滑。
- 末端:在和连接桥新旧表面接连的面与原始对象之间应用平滑。桥平滑和末端平滑标示图如图 3-113 所示。

图 3-112 张力标示图

图 3-113 桥平滑和末端平滑标示图

案例——制作雕塑模型

（1）执行"文件"→"重置"菜单命令，重新设置系统。

（2）单击"创建"命令面板中的"图形"按钮，在下面的下拉列表中选择"样条线"选项，展开"对象类型"卷展栏，单击"线"按钮，在顶视图中绘制3条封闭的曲线，单击鼠标右键结束画线，透视图显示效果如图3-114所示。

（3）单击"弧"按钮，在前视图中绘制一条弧线，作为放样的路径，透视图显示效果如图3-115所示。

图3-114　绘制3条封闭的曲线

图3-115　绘制放样路径

（4）在前视图中选中弧线，单击"几何体"按钮，在下面的下拉列表中选择"复合对象"选项，展开"对象类型"卷展栏。

（5）单击"放样"按钮，然后在"创建方法"卷展栏中单击"获取图形"按钮，在任意视图中单击最小的截面，结果如图3-116所示。

（6）进入"修改"命令面板，将"路径参数"卷展栏中的"路径"参数的值设置为50，单击"获取图形"按钮，在任意视图中单击最大的截面，结果如图3-117所示。

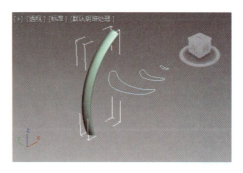

图3-116　初步放样效果

（7）使用同样的方法，将"路径"参数的值改为100，在任意视图中单击中间的截面，结果如图3-118所示。

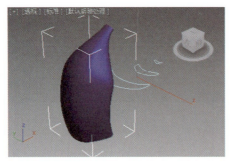

图3-117　在路径上50处放置最大的截面

图3-118　在路径上100处放置中间的截面

（8）单击修改器中放样旁的小三角按钮以查看其层次，单击"图形"子对象层次使其变黄。

（9）激活透视图，分别选择 3 个截面部分，单击工具栏中的"选择并移动"按钮，进行调整。

（10）单击工具栏中的"选择并均匀缩放"按钮，适当调整放样体的比例，结果如图 3-119 所示。

（11）确保放样体处于选中状态，激活前视图，单击工具栏中的"镜像"按钮，沿 X 轴方向镜像复制出一个放样体，并调整位置，结果如图 3-120 所示。

图 3-119　调整比例后的放样体　　　　　图 3-120　镜像复制放样体

（12）利用缩放工具适当调整放样体副本的比例，利用移动工具调整其空间位置，结果如图 3-121 所示。

（13）单击"创建"命令面板中的"几何体"按钮，在下面的下拉列表中选择"标准基本体"选项，展开"对象类型"卷展栏，单击"球体"按钮，在顶视图中创建一个球体，适当调整其参数及位置，结果如图 3-122 所示。

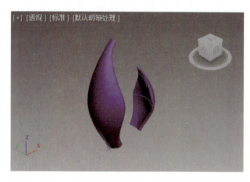

图 3-121　调整放样体副本的比例和空间位置　　图 3-122　创建球体并调整其参数及位置

（14）利用上述方法创建 3 个圆柱体，分别作为球体的支柱、雕塑的底座及池底，适当调整其参数及位置，结果如图 3-123 所示。

（15）展开二维图形创建面板，在顶视图中创建两个半径大于池底的圆，结果如图 3-124 所示。

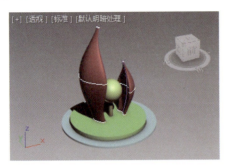
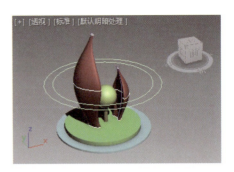

图 3-123　创建球体的支柱、雕塑的底座及池底　　　图 3-124　创建两个圆

（16）激活前视图，单击"线"按钮，在空白处绘制外围截面，如图 3-125 所示。

图 3-125　绘制外围截面

（17）选中大圆，右击，利用弹出的快捷菜单将其转换为可编辑样条线。

（18）单击修改器列表，展开"几何体"卷展栏，单击"附加"按钮，如图 3-126 所示，选择小圆，结果如图 3-127 所示。

（19）选中外围截面直线，展开复合对象创建面板，单击"放样"按钮，然后在"创建方法"卷展栏中单击"获取图形"按钮，在任意视图中单击圆，结果如图 3-128 所示。

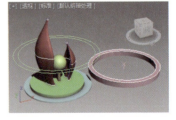

图 3-126　单击"附加"按钮　　图 3-127　选择小圆　　图 3-128　放样物体

（20）利用缩放工具调整外围放样体的大小，利用移动工具调整其空间位置。删除所有的二维线条，调整视图，最终的雕塑模型如图 3-129 所示。

项目三 编辑场景对象

图 3-129 最终的雕塑模型

任务三 多边形建模

任务引入

小丽买了新房,在装修厨房时对水龙头产生了兴趣,想要自己设计一款水龙头,那么她应该怎么操作呢?通过对 3ds Max 的学习,可以利用多边形网格来完成。那么,怎样对多边形网格进行选择呢?怎样进行编辑呢?

知识准备

多边形网格建模是高效建模的手段之一,利用它可以对模型的网格密度进行较好的控制,对细节少的地方少细分一些,对细节多的地方多细分一些,使最终模型的网格分布稀疏得当,后期还能比较及时地对不太合适的网格分布进行纠正。

一、多边形网格子对象的选择

要对多边形网格子对象进行编辑,首要问题是子对象的选择。多边形网格子对象的选择是在"选择"卷展栏中进行的。"选择"卷展栏如图 3-130 所示,下面介绍其常用命令。

该卷展栏中的 5 个按钮分别对应于多边形的 5 种子对象:顶点、边、边界、多边形、元素。被激活的子对象按钮呈蓝色显示,再次单击它可以退出当前的子对象编辑层次。

- 顶点:顶点是空间上的点,它是对象最基本的层次。当移动或编辑顶点时,相关的面也受影响。对象形状的任何改变都会导致重新安排顶点。在 3ds Max 中有很多编辑方法,其中最基本的是顶点编辑。

图 3-130 "选择"卷展栏

77

- 边：边是一条可见或不可见的线，它连接两个顶点，形成面的边。两个面可以共享一个边。处理边的方法与处理顶点类似，在网格编辑中经常使用。
- 边界：边界是网格的线性部分，通常可以描述为孔洞的边缘。
- 多边形：在可见的线框边界内的面形成了多边形。多边形是面编辑的便捷方法。
- 元素：元素是网格对象中以组连续的表面。

二、多边形网格顶点子对象的编辑

当用户单击"选择"卷展栏中的"顶点"按钮 进入顶点子对象层次时，"修改"命令面板中将出现"编辑顶点"卷展栏，如图 3-131 所示，下面介绍其常用命令。

图 3-131 "编辑顶点"卷展栏

- 移除：删除选定顶点，并组合使用这些顶点的多边形，使表面保持完整。如果使用 Delete 键删除，那么依赖于这些顶点的多边形也会被删除，这样将会在网格中创建一个洞。
- 断开：在与选定顶点相连的每个多边形上都创建一个新顶点，这可以使多边形的转角相互分开，使它们不再相连于原来的顶点上。如果顶点是孤立的或者只有一个多边形使用，则顶点不受影响。
- 挤出：可以手动挤出顶点，方法是在视口中直接操作。单击此按钮，然后垂直拖动到任何顶点上，就可以挤出此顶点。
- 焊接：对"焊接"对话框中指定的公差范围之内连续的选中的顶点进行合并。
- 目标焊接：可以选择一个顶点，并将它焊接到目标顶点上。
- 切角：单击此按钮，然后在活动对象中拖动顶点。
- 连接：在选中的顶点之间创建新的边。

其他多边形网格子对象的编辑这里不再赘述。

案例——制作水龙头模型

（1）执行"文件"→"重置"菜单命令，重新设置系统。

（2）进入"创建"命令面板，单击"几何体"按钮 ，在顶视图中创建一个长方体，设置其长、宽、高的值分别为 100、100、40，并设置高的分段数为 2，结果如图 3-132 所示。

（3）选中长方体，在其上单击鼠标右键，通过弹出的快捷菜单将其转换为可编辑多边形。

（4）展开"选择"卷展栏，单击"多边形"按钮，进入多边形选择状态。

（5）选中最上面的多边形面片，单击"挤出"按钮旁边的小方框，在弹出的对话框中输入"100"。然后单击工具栏中的"选择并均匀缩放"按钮，将选中的面缩放"80"。再单击工具栏中的"选择并旋转"按钮，将选中的面绕 Y 轴旋转-30°，结果如图 3-133 所示。

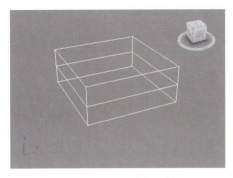
图 3-132 创建长方体

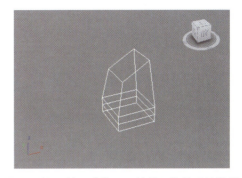
图 3-133 第一次挤压、缩放及旋转后的效果

（6）按照上一步的操作方法，再对顶面进行两次挤压、旋转，最终得到如图 3-134 所示的效果。

（7）制作出水口部位。选中出水口部位的多边形面片，单击"挤出"按钮旁边的小方框，在弹出的对话框中输入"20"。然后单击工具栏中的"选择并均匀缩放"按钮，将选中的面缩放"70"，完成出水口部位的创建，结果如图 3-135 所示。

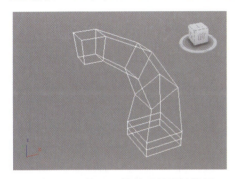
图 3-134 挤压、旋转后的最终效果

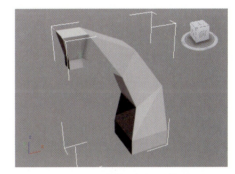
图 3-135 挤压出出水口部位的效果

（8）退出多边形编辑。选中水龙头，进入"修改"命令面板，在修改命令列表中选择"网格平滑"命令，在下面的"迭代指数"数值框中输入"2"，细化后的水龙头模型如图 3-136 所示。

（9）打开材质编辑器，给水龙头赋予不锈钢材质，渲染透视图，效果如图 3-137 所示。

图 3-136 细化后的水龙头模型

图 3-137 添加材质后的水龙头效果

综合案例　制作沙发模型

本实例通过沙发模型的制作，学习如何利用系统内置的基本模型及学到的二维建模知识来创建常用的模型。

1．沙发底座的制作

（1）执行"文件"→"重置"菜单命令，重新设置系统。

（2）进入"创建"命令面板，单击"几何体"按钮，在下面的下拉列表中选择"扩展基本体"选项。

（3）单击"切角长方体"按钮，创建一个切角立方体。进入"修改"命令面板，在参数卷展栏中将长、宽、高、圆角、圆角分段数分别设置为50、130、30、6、5。

（4）单击界面右下角的"所有视图最大化显示选定对象"按钮，可以看到制作完成的沙发底座，在透视图中的效果如图3-138所示。

2．沙发垫的制作

（1）激活顶视图，在"创建"命令面板中单击"几何体"按钮，在下面的下拉列表中选择"扩展基本体"选项。

（2）单击"切角长方体"按钮，以沙发底座的一个角为起点，拉出一个切角立方体。进入"修改"命令面板，在参数卷展栏中下将长、宽、高、圆角、圆角分段数分别设置为48、42、8、10、6，此时效果如图3-139所示。

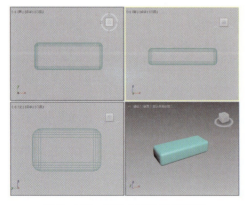
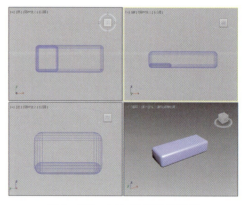

图3-138　制作完成的沙发底座　　　　　图3-139　加入坐垫后的效果

（3）这时在透视图中看不到创建好的坐垫，因为它被沙发底座给挡住了。在前视图中的空白处右击，激活视图，选中坐垫，将其沿Y轴向上移动至底座面上，效果如图3-140所示。

（4）在前视图中选中坐垫，在按住Shift键的同时，沿X轴方向移动坐垫，在弹出的对话框中选择"实例"选项，并在"副本数"数值框中输入"2"，然后单击"确定"按钮，即复制了两个坐垫，结果如图3-141所示。至此，沙发垫创建完毕。

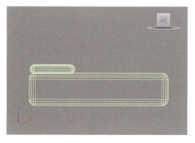
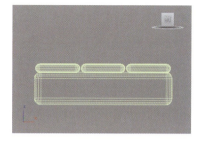

图 3-140 将坐垫移动至底座面上后的效果　　图 3-141 复制两个坐垫

3. 沙发扶手的制作

（1）激活前视图，在"创建"命令面板中的"图形"子面板中单击"矩形"按钮，创建一个矩形框。

（2）进入"修改"命令面板，在参数卷展栏中将长、宽、角半径分别设置为55、15、6，此时在前视图中的效果如图3-142所示。

（3）在"修改器列表"下拉列表中选择"编辑样条线"命令，单击"选择"卷展栏中的"顶点"按钮，此时我们所绘制的图形中的所有点都会显示出来。选择最下面的那个点，按Delete键将其删除，并调整底部的另外两个点，使底部平直，调整后的形状如图3-143所示。

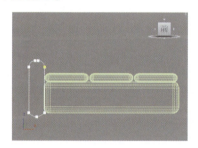
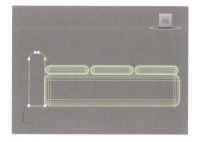

图 3-142 在前视图中绘制带倒角的矩形框　　图 3-143 调整后的形状

（4）单击"顶点"按钮，退出节点层次编辑。

（5）在"修改器列表"下拉列表中选择"挤出"命令，并设置挤出数量值为50，此时在透视图中的效果如图3-144所示。

（6）激活顶视图，选中制作好的扶手，将其移动到合适的位置，并在底座的另一侧复制一个同样的扶手，如图3-145所示。至此，沙发扶手制作完毕。

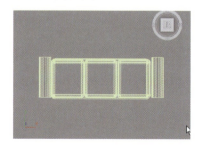

图 3-144 挤出效果　　图 3-145 复制一个同样的扶手

4．沙发靠背的制作

（1）激活左视图，在"创建"命令面板中的"图形"子面板中单击"矩形"按钮，创建一个矩形框。

（2）进入"修改"命令面板，在参数卷展栏中将长、宽、角半径分别设置为75、10、5，此时在左视图中的效果如图3-146所示。

（3）在"修改器列表"下拉列表中选择"编辑样条线"命令，单击"选择"卷展栏中的"顶点"按钮，此时我们所绘制的图形中的所有点都会显示出来。选择最下面的那个点，按 Delete 键将其删除，并调整底部的另外两个点，使底部平直，调整后的形状如图3-147所示。

（4）单击"几何体"卷展栏中的"优化"按钮，在矩形上插入节点并调整，制作出靠背的截面效果，如图3-148所示。

（5）单击"顶点"按钮，退出节点层次编辑。

（6）在"修改器列表"下拉列表中选择"挤出"命令，并设置挤出数量值为160（可视具体情况而定）。选择移动工具，将制作好的靠背移动到如图3-149所示的位置。

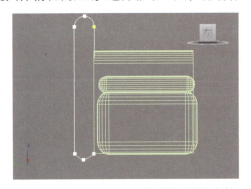

图 3-146　创建一个矩形框并设置相关参数

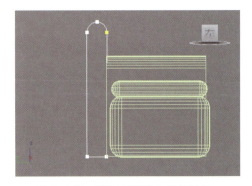

图 3-147　删除底部节点后的形状

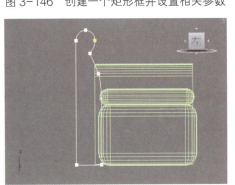

图 3-148　调整好的靠背截面效果

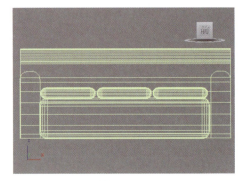

图 3-149　移动靠背到合适位置

（7）沙发靠背制作完成。在四视图中观察制作好的沙发模型，如图3-150所示。

项目三 编辑场景对象

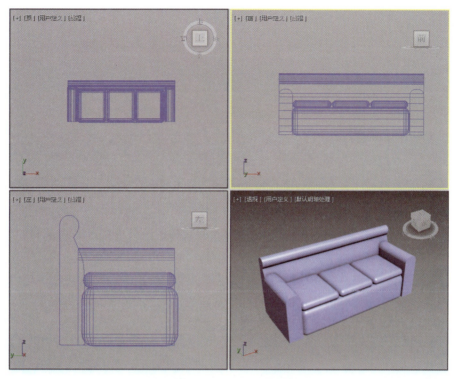

图 3-150 制作好的沙发模型

项目总结

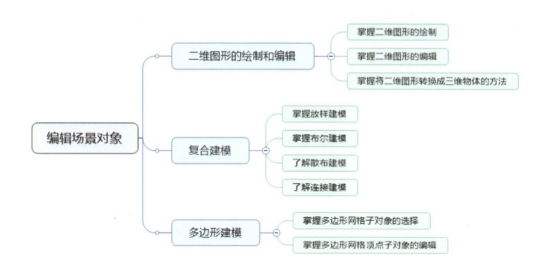

项目实战

实战一 制作古鼎模型

（1）重置系统。

（2）激活前视图，单击"创建"命令面板中的"图形"按钮，展开"对象类型"卷展栏，单击"线"按钮，在前视图中绘制一条曲线。

（3）进入"修改"命令面板，单击"选择"卷展栏中的"样条线"按钮，进入样条线子物体编辑层次。单击"几何体"卷展栏中的"轮廓"按钮，然后将鼠标光标移动到曲线上，按住鼠标左键并拖动，给曲线添加轮廓，结果如图3-151所示。

（4）单击"选择"卷展栏中的"顶点"按钮，进入顶点子物体编辑层次。删除或移动轮廓线上不规则的点并进行适当调整，结果如图3-152所示。

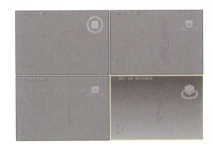
图3-151 给曲线添加轮廓

图3-152 调整轮廓线上的点

（5）在"修改器列表"下拉列表中选择"倒角"修改器，"倒角值"卷展栏中的参数设置如图3-153所示，结果如图3-154所示。

图3-153 设置倒角值参数

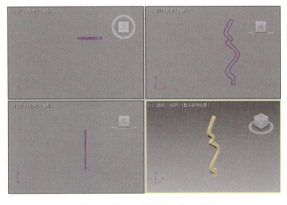
图3-154 倒角生成支架

（6）单击"层次"按钮，进入"层次"命令面板。单击"调整轴"卷展栏中的"仅影响轴"按钮，选择移动工具，在顶视图中移动轴心点到如图3-155所示的位置。

项目三 编辑场景对象

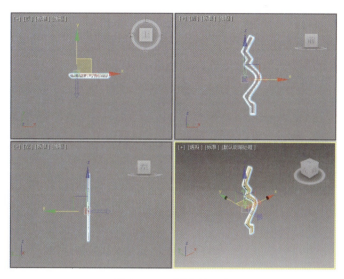

图 3-155 调整轴心点

(7)退出轴心点的调整。在"工具"菜单中选择"阵列"命令,打开"阵列"对话框,参数设置如图 3-156 所示。调整视图,结果如图 3-157 所示。

图 3-156 设置阵列参数　　　　　　　图 3-157 阵列后的支架

(8)单击"圆"按钮,在顶视图中创建一个圆,如图 3-158 所示。

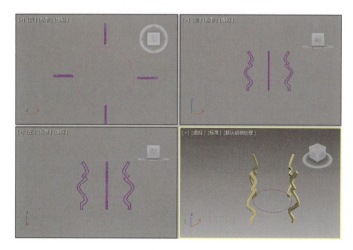

图 3-158 创建一个圆

（9）进入"修改"命令面板，在"修改器列表"下拉列表中选择"挤出"修改器，调整参数，挤出物体，结果如图 3-159 所示。

（10）继续创建一个圆并调整位置，如图 3-160 所示。

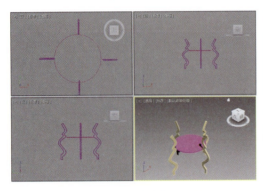
图 3-159　挤出圆形垫板并调整位置

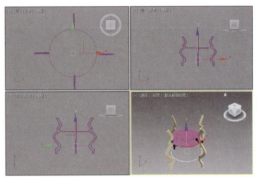
图 3-160　创建圆并调整位置

（11）进入"修改"命令面板，展开"渲染"卷展栏，勾选"在渲染中启用"和"在视口中启用"复选框，并设置参数，如图 3-161 所示，结果如图 3-162 所示。

图 3-161　设置渲染参数

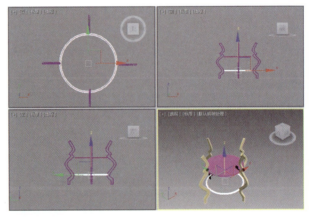
图 3-162　添加厚度后的圆

（12）在前视图中绘制一条曲线，如图 3-163 所示。

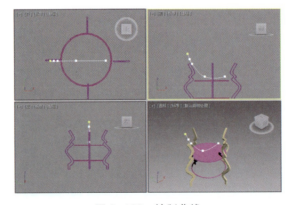
图 3-163　绘制曲线

（13）进入"修改"命令面板，单击"选择"卷展栏中的"样条线"按钮，进入样条线子物体编辑层次。单击"几何体"卷展栏中的"轮廓"按钮，然后将鼠标光标移动到曲线上，按住鼠标左键并拖动，为曲线添加轮廓，结果如图3-164所示。

（14）在"修改器列表"下拉列表中选择"车削"修改器，单击"参数"卷展栏中"对齐"选项组中的"最小"按钮，并设置适当的车削参数，结果如图3-165所示。至此，古鼎模型创建完毕。

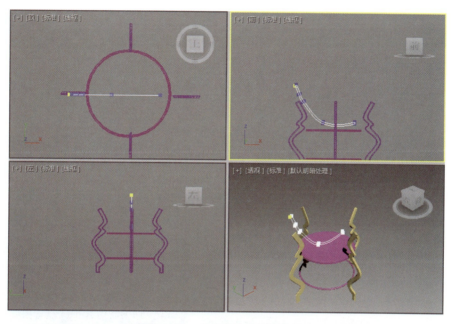

图3-164　为绘制的曲线添加轮廓

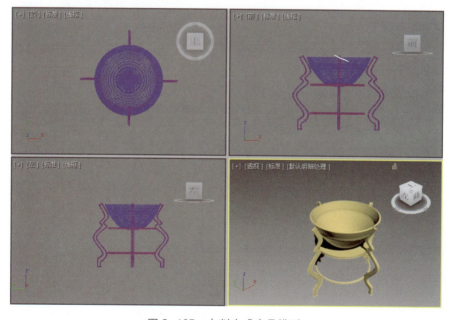

图3-165　车削生成古鼎模型

实战二 制作圆桌模型

（1）重置系统，在视图中绘制一条直线作为放样的路径，再绘制一个星形和一个圆形作为放样的截面，结果如图3-166所示。

（2）单击"放样"按钮，然后在"创建方法"卷展栏中单击"获取图形"按钮，在任意视图中单击圆形，圆形的关联复制品被移动到路径的起始点上，产生了一个造型物体，如图3-167所示。

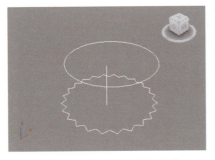

图3-166　绘制放样的路径和截面

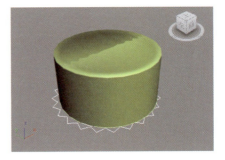

图3-167　选取圆形截面后的放样体

（3）进入"修改"命令面板，在任意视图中单击刚才的放样体，在"路径参数"卷展栏中勾选"启用"复选框，并将"捕捉"参数的值设置为10，将"路径"参数的值设置为50。

（4）单击"获取图形"按钮，在任意视图中单击星形，使星形加入放样体中，如图3-168所示。

（5）选中放样体，进入"修改"命令面板，展开"变形"卷展栏，单击"缩放"按钮，在弹出的"缩放变形"对话框中单击"插入角点"按钮，在曲线上插入一个点并进行调整，如图3-169所示。这时可以看到，透视图中的放样体也发生了变化，如图3-170所示。

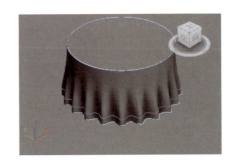

图3-168　使星形加入放样体中

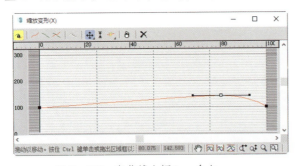

图3-169　在曲线上插入一个点

图3-170　缩放变形后的放样体

（6）选中放样体，展开"变形"卷展栏，单击"倒角"按钮，弹出"倒角变形"对话框。

（7）在曲线上插入一个点，并调节曲线，如图 3-171 所示。此时，透视图中的桌子边缘产生了平滑的倒角，如图 3-172 所示。

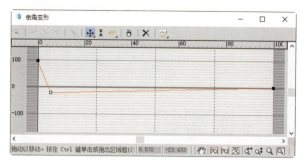
图 3-171 在曲线上插入一个点并调节曲线

图 3-172 倒角变形后的放样体

项目四

灯光与摄影机

思政目标

- 活学固化的东西,对相关知识有正确的科学认识。
- 尊重客观事实,自信、勤奋,践行社会主义核心价值观。

技能目标

- 掌握灯光的使用方法。
- 掌握摄影机的使用方法。
- 能够完成实例效果。

项目导读

灯光在现实世界中可以照明、烘托气氛。在 3ds Max 中,灯光同样可以照明、烘托气氛。更重要的是,在 3ds Max 中,灯光和其他造型物体一样,可以被创建、修改、调整和删除,并且可以利用灯光制作现实世界中难以实现的特殊效果。在默认情况下,3ds Max 场景中会自动设置灯光照明,但要很好地表现造型和材质及其他效果,灯光的设置就非常重要了。同灯光一样,摄影机也是表现物体的强有力的工具。正确、适当地使用摄影机,对于表现造型、设置动画无疑是很有帮助的。本项目介绍各种灯光的创建与使用,以及摄影机的创建与使用。通过对本项目的学习,你的制作水平无疑又将提升一个台阶。

项目四　灯光与摄影机

任务一　灯光的使用

任务引入

小丽家突然停电，点上蜡烛后，她观察到烛光会对四周环境产生影响。那么，可以将灯光运用到 3ds Max 中吗？怎样使用灯光效果呢？

知识准备

灯光是场景中的一个重要组成部分。在三维场景中，精美的模型、真实的材质、完美的动画如果没有灯光照射，那么一切都是无用的。灯光的作用不仅仅是照明，恰如其分的灯光不仅可以使场景中充满生机，还可以烘托场景中的气氛、影响观察者的情绪、改变材质的效果，甚至可以使场景中的模型产生感情色彩。

一、基本灯光的应用

3ds Max 提供了 6 种标准灯光：目标聚光灯、目标平行光、泛光灯、自由聚光灯、自由平行光和天光。我们可以通过这 6 种灯光对虚拟三维场景进行光线处理，使场景呈现真实的效果。下面讲解几种主要的灯光。

1. 目标聚光灯

目标聚光灯的强大功能使得它成为 3ds Max 环境中基本但十分重要的照明工具。目标聚光灯的光线从一点出发，而后又朝一个方向传播，从而形成一个真正的照明光锥，这一点和现实生活中的探照灯十分相似。

案例——为木桶添加目标聚光灯

本实例通过目标聚光灯的应用，来演示灯光的各个参数的设置及效果。

（1）执行"文件"→"打开"菜单命令，打开"源文件/项目四/木桶.max"文件，观察没有创建灯光时的效果，如图 4-1 所示。

（2）进入"创建"命令面板，单击"灯光"按钮，进入标准灯光创建面板，单击"目标聚光灯"按钮，然后在前视图中的右上方单击并向对象拖动，结果如图 4-2 所示。

（3）在工具栏中单击"选择并移动"按钮，在顶视图中调整目标聚光灯的光源点，调整位置如图 4-3 所示。

（4）选中目标聚光灯的光源，进入"修改"命令面板，展开"聚光灯参数"卷展栏，参数设置如图 4-4 所示，效果如图 4-5 所示。

图 4-1 默认照明效果

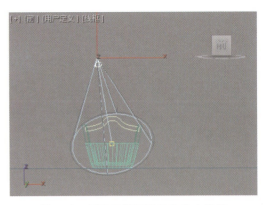
图 4-2 创建目标聚光灯作为主光源

图 4-3 在顶视图中调整目标
聚光灯的光源点

图 4-4 设置聚光灯参数

图 4-5 一盏目标聚光灯下的
场景照明

（5）选中目标聚光灯的光源，进入"修改"命令面板，展开"常规参数"卷展栏，勾选"阴影"下的"启用"复选框，如图 4-6 所示，在透视图中的效果如图 4-7 所示。

图 4-6 勾选"阴影"下的"启用"复选框 1

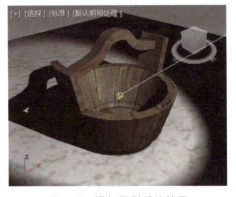
图 4-7 添加阴影后的效果

2. 泛光灯

泛光灯即按 360°球面向外照射的一个点光源。它是 3ds Max 场景中使用最多的灯光之一。泛光灯照亮所有面向它的对象，但是它不能控制光束的大小，即不能将光束只照射在一点上。泛光灯通常作为辅光使用。

案例——为木桶添加泛光灯

本实例通过泛光灯的应用,来演示灯光的各个参数的设置及效果。

(1)执行"文件"→"打开"菜单命令,打开"源文件/项目四/对木桶场景添加目标聚光灯.max"文件。

(2)进入"创建"命令面板,单击"灯光"按钮,进入标准灯光创建面板,单击"泛光"按钮,在前视图中添加泛光灯,位置如图4-8所示。

(3)在工具栏中单击"选择并移动"按钮,在顶视图中调整泛光灯的位置,如图4-9所示。

 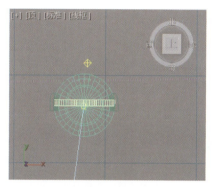

图4-8 添加泛光灯作为辅光源　　　　图4-9 调整泛光灯的位置

(4)选中泛光灯,进入"修改"命令面板,在"常规参数"卷展栏中取消勾选"阴影"下的"启用"复选框,如图4-10所示。在"强度/颜色/衰减"卷展栏中,设置"倍增"参数的值为0.5,如图4-11所示。添加泛光灯后的照明效果如图4-12所示。

图4-10 取消勾选"阴影"　　图4-11 "强度/颜色/衰减"　　图4-12 添加泛光灯后的
　　下的"启用"复选框　　　　　　　卷展栏　　　　　　　　　　照明效果

二、特殊灯光的应用

光度学灯光在系统中分为点光、面光、线光,而它和普通灯光的不同之处在于它是按照物理学算法进行衰减照明的。

案例——制作室内照明效果

本实例通过目标灯光的应用,来演示灯光的各个参数的设置及效果。

(1)执行"文件"→"打开"菜单命令,打开"源文件/项目四/室内.max"场景文件,如图 4-13 所示。

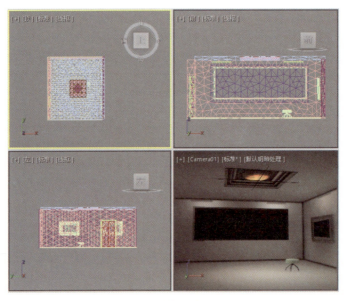

图 4-13　原始场景文件

(2)单击"创建"按钮,进入"创建"命令面板。单击"灯光"按钮,在其下拉列表中选择"光度学"选项,然后在"对象类型"卷展栏中单击"目标灯光"按钮,如图 4-14 所示,在前视图中创建一盏目标灯光,如图 4-15 所示。

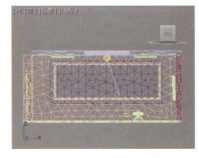

图 4-14　光度学灯光创建面板　　　　图 4-15　在场景中创建目标灯光

(3)选择刚创建的目标灯光,单击"修改"按钮,进入"修改"命令面板,展开"强度/颜色/衰减/"卷展栏,在"颜色"下拉列表中选择"荧光(日光)"选项,其他参数设置如图 4-16 所示。

(4)同理,继续在场景中放置 3 盏目标灯光,然后单击工具栏中的"选择并移动"按钮,把其移动到合适的位置,如图 4-17 所示。

项目四 灯光与摄影机

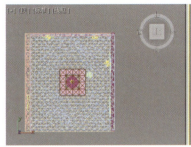

图 4-16 设置目标灯光的参数　　　　图 4-17 再创建 3 盏目标灯光并移动到合适的位置

（5）选择创建的目标灯光，单击"修改"按钮，进入"修改"命令面板，展开"常规参数"卷展栏，在"灯光分布（类型）"下拉列表中选择"光度学 Web"选项，表示按照准备好的光域网来分布当前的光照。

（6）展开"分布（光度学 Web）"卷展栏，单击"<选择光度学文件>"按钮，选择"源文件/项目四/ hof1769.ies"光域网文件，调节光源的坐标，如图 4-18 所示。

（7）展开"强度/颜色/衰减"卷展栏，在"强度"下面的文本框内输入数值 400.0，其余参数设置如图 4-19 所示。展开"图形/区域阴影"卷展栏，在"从（图形）发射光线"下的下拉列表中选择"线"选项，在"长度"文本框内输入数值 50.0，如图 4-20 所示。按 Shift+Q 快捷键渲染视图，效果如图 4-21 所示。

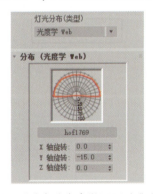

图 4-18 "分布（光度学 Web）"卷展栏　　　　图 4-19 设置强度/颜色/衰减参数

图 4-20 设置图形/区域阴影参数　　　　图 4-21 渲染效果

95

任务二 摄影机的使用

任务引入

小丽最近为拍摄一些室内家具而犯愁,由于需要观察室内效果,因此很难进行测试拍摄,于是她在 3ds Max 中创建摄影机,对最佳拍摄角度进行求证。那么,怎样使用摄影机呢?

知识准备

利用 3ds Max 中的摄影机可以观察到场景中不易观察的对象。3ds Max 提供了 3 种摄影机:目标摄影机、自由摄影机和物理摄影机。摄影机创建面板如图 4-22 所示。这 3 种摄影机各有优点,下面分别介绍。

目标摄影机:查看目标对象周围的区域。在创建目标摄影机时,可以看到一个包含两部分内容的图标,该图标表示摄影机和其目标(一个白色的框)。摄影机和摄影机目标可以分别设置动画,以便当摄影机不沿路径移动时容易使用摄影机。

自由摄影机:查看注视摄影机方向的区域。在创建自由摄影机时,可以看到一个图标,该图标表示摄影机和其视野。虽然自由摄影机的图标看起来与目标摄影机的图标相同,但是它不具备要设置动画的单独的目标图标。当摄影机的位置沿一条路径被设置为动画时,更容易使用自由摄影机。

物理摄影机:此摄影机具备快门速度、光圈景深、曝光及其他可模拟真实摄影机设置的选项。利用增强的控制和其他视口内反馈,可以更轻松地创建真实照片级图像和动画。

3 种摄影机的形态如图 4-23 所示。

图 4-22 摄影机创建面板

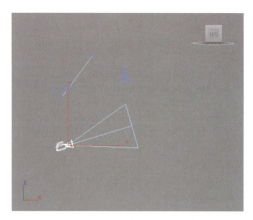

图 4-23 3 种摄影机的形态

一、创建摄影机

创建摄影机是一个简单的过程,只需单击"创建"命令面板中的"摄影机"按钮,在"对象类型"卷展栏中选择需要的摄影机类型,在任意视图中放置摄影机即可。

案例——对场景文件创建摄影机

(1)执行"文件"→"重置"菜单命令,重新设置 3ds Max 的界面。

(2)单击"创建"命令面板中的"几何体"按钮 ⬤,在下面的下拉列表中选择"标准基本体"选项,展开"对象类型"卷展栏,分别单击"球体"和"圆锥体"按钮,在透视图中创建物体,如图 4-24 所示。

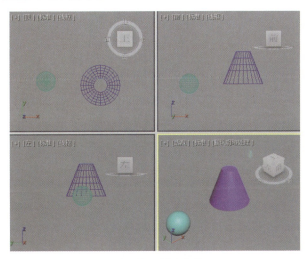

图 4-24 创建物体

(3)进入"创建"命令面板,单击"灯光"按钮 💡,进入标准灯光创建面板,单击"泛光"按钮,在前视图中添加 3 盏泛光灯,并调整其位置,结果如图 4-25 所示。

图 4-25 创建场景

（4）单击"创建"命令面板中的"摄影机"按钮，在下面的下拉列表中选择"标准"选项，展开"对象类型"卷展栏，单击"目标"按钮，创建两个目标摄影机。使用选择工具选中创建的目标摄影机，调整目标点和镜头点，并分别调整其位置，使其处在一个较好的位置，如图 4-26 所示。

（5）激活透视图，按键盘上的 C 键，弹出"选择摄影机"对话框，如图 4-27 所示，从中选择"Camera001"选项，然后单击"确定"按钮，此时切换到摄影机视图，如图 4-28 所示。如果选择"Camera002"选项，则切换到摄影机视图后的效果如图 4-29 所示。

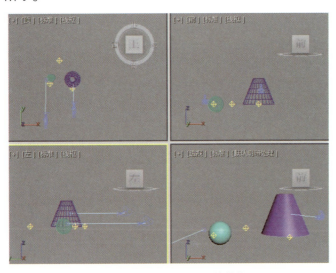

图 4-26 创建摄影机并调整其位置　　图 4-27 "选择摄影机"对话框

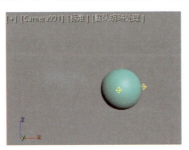

图 4-28 摄影机视图 1　　图 4-29 摄影机视图 2

二、摄影机的常用参数

摄影机的参数卷展栏有"参数"卷展栏和"景深参数"卷展栏，如图 4-30 和图 4-31 所示。下面着重介绍"参数"卷展栏中的参数。

- 镜头：以 mm 为单位设置摄影机的焦距，也可以使用"备用镜头"区域中的焦距。
- 视野：决定摄影机查看区域的宽度。当视野方向为水平（默认设置）时，"视野"参数用于直接设置摄影机的地平线的弧形，以度为单位进行测量。也可以通过设置视野方向来垂直或沿对角线测量视野。

项目四 灯光与摄影机

图 4-30 "参数"卷展栏 1

图 4-31 "景深参数"卷展栏

- 正交投影：启用此选项后，摄影机视图看起来像用户视图。禁用此选项后，摄影机视图好像标准的透视图。
- 类型：将摄影机类型由目标摄影机更改为自由摄影机，反之亦然。
- 显示圆锥体：显示摄影机视野定义的锥形光线（实际上是一个四棱锥）。锥形光线出现在除摄影机视图外的其他视图中。
- 显示地平线：在摄影机视口中的地平线层级显示一条深灰色的线条。
- 显示：显示在摄影机锥形光线内的矩形，用以近距范围和远距范围的设置。
- 近距范围/远距范围：在环境面板中用于设置大气效果的近距范围和远距范围限制。
- 手动剪切：启用该选项后，可定义剪切平面。禁用该选项后，不显示与摄影机的距离小于 3 个单位的几何体。
- 近距剪切/远距剪切：用于设置近距剪切平面和远距剪切平面。对于摄影机，比近距剪切平面近或比远距剪切平面远的对象是不可见的。也就是说，只有在近距剪切平面和远距剪切平面之间的对象才能被拍摄到。
- 启用：启用该选项后，可以使用效果预览或渲染。禁用该选项后，不渲染该效果。
- "预览"下的下拉列表：用于选择生成哪种多重过滤效果，默认设置为景深。选择不同的效果，会出现不同的参数卷展栏。

案例——观察椅子模型

（1）执行"文件"→"打开"菜单命令，打开"源文件/项目四/椅子和地面.max"场景文件，如图 4-32 所示。

（2）单击"创建"命令面板中的"摄影机"按钮，在下面的下拉列表中选择"标准"

99

选项，展开"对象类型"卷展栏，单击"目标"按钮，创建一个目标摄影机，如图4-33所示。

 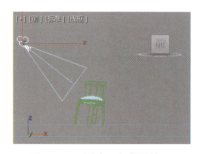

图4-32　打开场景文件　　　　　　　　图4-33　创建目标摄影机1

（3）激活透视图，按C键即可将透视图切换为摄影机视图，如图4-34所示。

（4）在工具栏中单击"选择并移动"按钮，在顶视图中分别调整目标摄影机的位置点和目标点，最终位置如图4-35所示。

 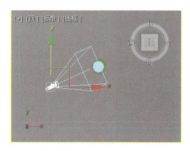

图4-34　将透视图切换为摄影机视图　　图4-35　调整目标摄影机的位置点和目标点

（5）观察摄影机视图，调整摄影机的位置后，摄影机视图也发生了变化，如图4-36所示。

（6）如果激活摄影机视图，那么界面右下方的工具会变成摄影机视图调整工具，如图4-37所示，可以利用这些工具像调整透视图一样调整摄影机视图。

图4-36　调整摄影机位置后的摄影机视图　　图4-37　摄影机视图调整工具

（7）选中摄影机，进入"修改"命令面板，展开"参数"卷展栏，在这里可以设置摄影机的各种参数，如"镜头""视野"等，如图4-38所示。用大镜头拍摄的对象效果如图4-39所示。

项目四 灯光与摄影机

图 4-38 "参数"卷展栏 2

图 4-39 用大镜头拍摄的对象效果

综合案例　制作高级灯效

本实例通过使用天光和目标聚光灯制作出高级灯效。

（1）执行"文件"→"打开"菜单命令，打开"源文件/项目四/Light1.max"场景文件，如图 4-40 所示。

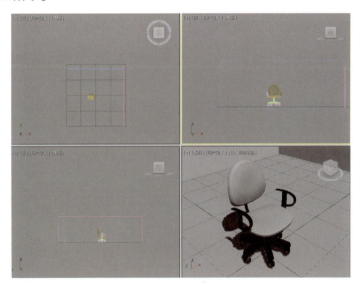

图 4-40 场景文件

（2）现在给场景加载天光。单击"创建"按钮 ，进入"创建"命令面板，然后单击"灯光"按钮 ，在"对象类型"卷展栏中单击"天光"按钮，在前视图中创建一盏天光。右击退出天光的创建。天光只对阴影色进行照明，其大小、比例、角度和位置都没有设置选项。

（3）仅仅靠在视图中创建一盏天光在实际渲染中是不会起作用的。这时，需要使用快捷键 F9，或者执行"渲染"→"渲染设置"菜单命令，在打开的"渲染设置"窗口中展开"选择高级照明"卷展栏，在下拉菜单中选择"光跟踪器"选项，激活光线追踪选项。

（4）在"光跟踪器"设置面板中保持系统设置的默认值不变，如图 4-41 所示。然后，执行"渲染"→"渲染"菜单命令，进行快速渲染，效果如图4-42所示。

（5）选择天光，其参数设置选项非常少，只有调节光线强度、颜色及贴图的选项。单击"修改"按钮，进入"修改"命令面板，展开"天光参数"卷展栏，暂时关闭天光，即取消"启用"复选框的勾选，如图4-43所示。

  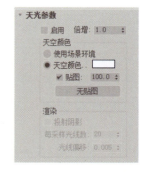

图4-41　默认参数　　　图4-42　天光渲染效果　　　图4-43　取消勾选"启用"复选框

（6）单击"创建"按钮，进入"创建"命令面板，然后单击"灯光"按钮，在"对象类型"卷展栏中单击"目标聚光灯"按钮，在场景中创建一盏目标聚光灯，位置如图4-44所示。

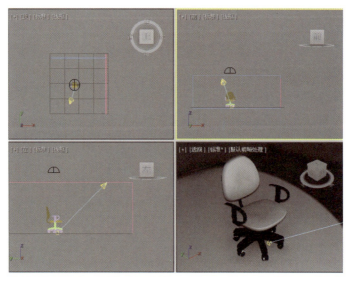

图4-44　目标聚光灯的位置

（7）选择目标聚光灯，单击"修改"按钮，进入"修改"命令面板，在"常规参数"卷展栏中勾选"阴影"下的"启用"复选框，表示打开灯光阴影，如图4-45所示。

（8）展开"阴影参数"和"阴影贴图参数"卷展栏，分别在"密度"和"采样范围"文本框内输入数值0.6和10.0，如图4-46所示。

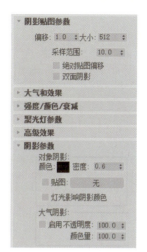

图 4-45　勾选"阴影"下的"启用"复选框 2　　图 4-46　"阴影参数"和"阴影贴图参数"卷展栏

（9）展开"聚光灯参数"卷展栏，设置聚光灯参数，具体参数设置如图 4-47 所示。灯光参数设置完成后，执行"渲染"→"渲染"菜单命令，进行快速渲染，效果如图 4-48 所示。

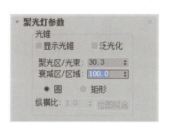

图 4-47　"聚光灯参数"卷展栏　　　　　图 4-48　目标聚光灯渲染效果

🔍 注意

虽然目标聚光灯也结合了"光线追踪"，但是渲染后看起来并没有什么效果，速度也非常快。这是因为在"光线追踪"中默认设置的反弹值为 0，灯光没有任何反弹效果。如果想产生真正的光线追踪效果，则必须增大反弹值，让光线具有反弹作用。

（10）打开"高级照明"设置面板，展开"参数"卷展栏，在"反弹"文本框内输入数值 1，如图 4-49 所示。然后再次进行快速渲染，效果如图 4-50 所示。

（11）同上所述，在"反弹"文本框内输入数值 1。然后在视图中选中天光，单击"修改"按钮，进入"修改"命令面板，展开"天光参数"卷展栏，勾选"启用"复选框，开启天光效果；同时，在"倍增"文本框内输入数值 0.7，如图 4-51 所示。

（12）渲染透视图，将会发现渲染效果比起前几次来说更好，并且速度也很快，如图 4-52 所示。

3ds Max 三维动画制作

图 4-49　设置反弹值为 1

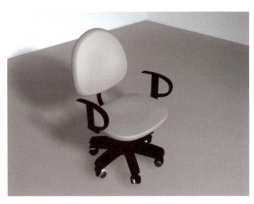

图 4-50　设置反弹值后的渲染效果

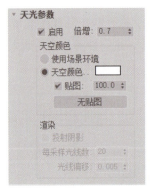

图 4-51　"天光参数"卷展栏

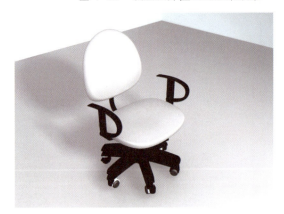

图 4-52　结合天光的渲染效果

项目总结

项目实战

实战一 制作吸顶灯

(1)执行"文件"→"重置"菜单命令,重新设置 3ds Max 的界面。

(2)进入"创建"命令面板,单击"几何体"按钮,在下面的下拉列表中选择"标准基本体"选项,在"对象类型"卷展栏中单击"长方体"按钮,创建一个长方体,作为屋子的顶部,如图 4-53 所示。

(3)单击"球体"按钮,在顶部的中心位置创建一个球体。进入"修改"命令面板,展开"参数"卷展栏,将"半球"参数的值设置为 0.5,如图 4-54 所示。单击工具栏中的"选择并旋转"按钮 ,调整半球的角度,将其作为吸顶灯的模型,如图 4-55 所示。

(4)单击"圆环"按钮,在半球的底部创建 3 个圆环,作为吸顶灯的灯座,如图 4-56 所示。

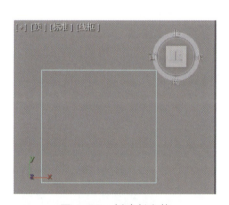

图 4-53 创建长方体

图 4-54 设置"半球"参数

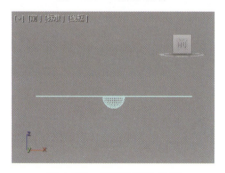

图 4-55 调整半球的角度

图 4-56 创建 3 个圆环

(5)激活左视图,单击"创建"命令面板中的"摄影机"按钮 ,在下面的下拉列表中选择"标准"选项,展开"对象类型"卷展栏,单击"目标"按钮,在吸顶灯底下创建一个目标摄影机,如图 4-57 所示。激活透视图,按 C 键将视图切换成摄影机视图,效果如图 4-58 所示。

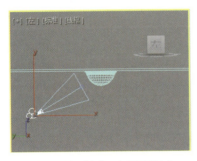

图 4-57 创建目标摄影机 2

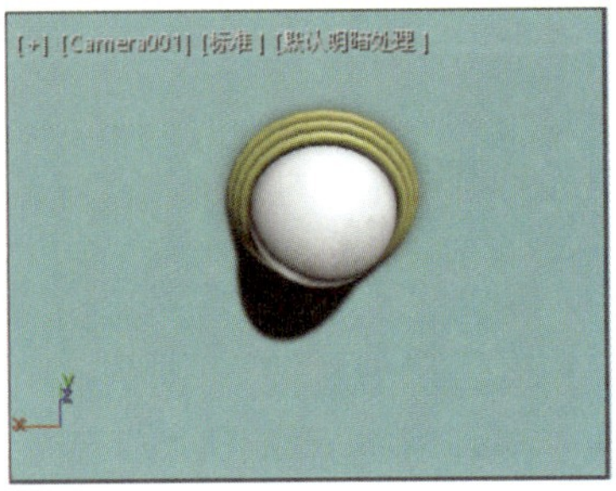

图 4-58 将视图切换成摄影机视图

(6)激活顶视图,在吸顶灯的中心位置创建一盏泛光灯,并利用移动工具调整其到合适的位置,使吸顶灯附近产生光照效果,如图 4-59 所示。

实战二 观察蝎子模型

(1)打开"源文件/项目四/蝎子.max"文件,如图 4-60 所示,场景由地面和蝎子组成。

(2)单击"创建"命令面板中的"摄影机"按钮 ,进入摄影机创建面板,单击"目标"按钮,在前视图中的左上方处单击并向蝎子拖动,即可创建一个目标摄影机,如图 4-61 所示。

图 4-59 加入泛光灯后的效果

图 4-60 打开文件

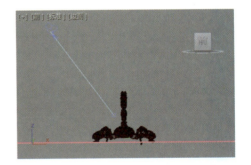

图 4-61 在前视图中创建目标摄影机

(3)激活透视图,按 C 键将其切换为摄影机视图,调整位置,如图 4-62 所示。

(4)在"创建"命令面板中单击"灯光"按钮,进入标准灯光创建面板。单击"目标聚光灯"按钮,在前视图中的左上方处单击并向蝎子拖动,创建一盏目标聚光灯作为主光源,如图 4-63 所示。

(5)利用移动工具,在顶视图中调整目标聚光灯的位置点到如图 4-64 所示的位置。

项目四 灯光与摄影机

图 4-62 调整位置后的摄影机视图

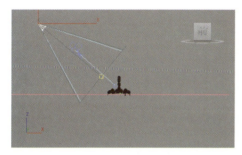

图 4-63 在前视图中创建目标聚光灯

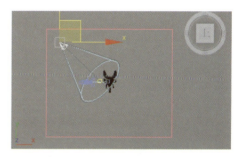

图 4-64 调整目标聚光灯的位置

(6)选中主光源,进入"修改"命令面板,展开"常规参数"卷展栏,勾选"阴影"下的"启用"复选框;在"聚光灯参数"卷展栏中勾选"泛光化"复选框,渲染摄影机视图,观察照明效果,如图 4-65 所示。

(7)选中主光源,在"阴影参数"卷展栏中设置"密度"参数的值为 0.7,再次渲染摄影机视图,最终效果如图 4-66 所示。

图 4-65 设置主光源参数后的效果

图 4-66 最终效果

项目五

材质的使用

思政目标

➢ 引导学生自行思考,培养学生的创新意识。
➢ 培养学生的预见性和前瞻性,注重思考。

技能目标

➢ 了解材质编辑器的使用方法。
➢ 掌握标准材质的使用方法。
➢ 掌握常用材质类型。
➢ 掌握 UVW 贴图的使用方法。

项目导读

材质是物体表面经过渲染之后所表现出来的特征,它包含物体的颜色、质感、光线、透明度和图案等特性。本项目将介绍 3ds Max 中的"重头戏"——材质编辑,而这需要通过材质编辑器来完成。通过对本项目的学习,将掌握如何在材质编辑器中给场景中的物体设定材质、如何获得材质的路径,以及如何编辑材质,使作品看上去更真实。

项目五 材质的使用

任务一 材质编辑器

任务引入

一家香水公司最近生产了一系列新产品，要求小丽设计的产品既要满足商业广告的基本要求，又要符合真实情况。小丽通过对 3ds Max 的学习，准备利用材质编辑器给香水模型设定材质，那么怎样使用材质编辑器呢？

知识准备

所谓材质，就是指定物体的表面或数个面的特性，它决定这些平面在着色时以特定的方式出现，如颜色、光亮程度、自发光度及不透明度等。基础材质是指赋予对象光的特性而没有贴图的材质，上色最快，内存占用少。当模型完成以后，为了表现出物体各种不同的性质，需要给物体的表面或里面赋予不同的特性，这个过程称为给物体加上材质。它可使网格对象在着色时以真实的质感出现，表现出如石头、木板、布等的性质特征来。

材质属性与灯光属性相辅相成，在着色或渲染时将两者合并，用于模拟对象在真实世界中的情况。材质编辑器提供创建和编辑材质及贴图的功能。

一、使用材质编辑器

材质编辑器是 3ds Max 中一个非常重要的控制面板，可以利用它来创建、编辑材质和贴图，使视图中的对象更真实，但必须指定到场景中的物体上才起作用。单击工具栏中的"材质编辑器"按钮，弹出"材质编辑器"窗口，如图 5-1 所示。

"材质编辑器"窗口分为两部分：上半部分为样本球视窗，内有 6 个样本球，旁边有垂直工具栏、水平工具栏、名称栏、当前材质的各种控制按钮；下半部分为各种卷展栏，其内容随材质的不同而自动改变。

二、使用样本球

系统默认的样本槽显示区域采用的是 3×2 的显示模式，即横向放置 3 个材质样本，纵向放置 2 个材质样本。如果用户想利用更多的材质球，则可以向右或向下拖动滑块以显示其他的样本球。当然，用户也可以改变材质球的显示个数，方法是在材质显示区域单击鼠标右键，此时弹出快捷菜单，如图 5-2 所示。选择"6×4 示例窗"选项，结果如图 5-3 所示。

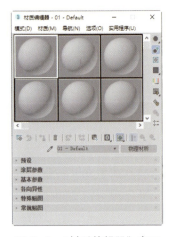  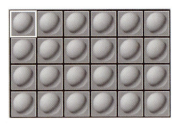

图 5-1 "材质编辑器"窗口　　图 5-2 样本球区域的右键菜单　　图 5-3 6×4 显示模式

案例——给茶壶模型赋予材质

本案例练习如何给场景中的对象赋予材质，以及如何命名所创建的材质。

（1）执行"文件"→"重置"菜单命令，重新设置系统。

（2）进入"创建"命令面板，单击"几何体"按钮，展开"对象类型"卷展栏，单击"茶壶"按钮，在透视图中创建一个茶壶，如图 5-4 所示。

（3）选中茶壶，执行"渲染"→"材质编辑器"→"精简材质编辑器"菜单命令，打开"材质编辑器"窗口，如图 5-5 所示。

 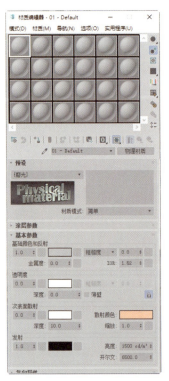

图 5-4 在透视图中创建茶壶　　　　图 5-5 打开"材质编辑器"窗口

（4）激活第一个样本球，展开"基本参数"卷展栏，在"基础颜色和反射"区域中设置颜色为浅蓝色，权重为 0.7，如图 5-6 所示。此时样本槽中的材质球被涂成了浅蓝色，如图 5-7 所示。

（5）单击水平工具栏中的"将材质指定给选定对象"按钮 ，然后单击"视口中显示明暗处理材质"按钮 ，观察透视图中的茶壶模型，发现其已经被赋予了材质，如图 5-8 所示。

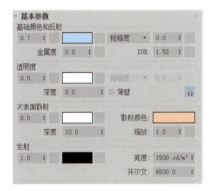

图 5-6　设置基本参数　　　图 5-7　调整好材质的样本球　　　图 5-8　赋予材质后的茶壶模型

（6）调整好的材质默认的名称可以从名称栏中看出，本例中是 01 - Default 。如果想改变材质的名称，则只需改变文本框中的文字即可。

任务二　标准材质的使用

任务引入

小丽对材质编辑器有了一定的认识，可是材质多种多样，她应该选择哪种材质呢？怎样对赋予的材质进行参数设置呢？

知识准备

标准材质是最基本、最重要的一种材质。执行"自定义"→"自定义默认设置切换器"命令，打开"自定义 UI 与默认设置切换器"对话框，具体设置如图 5-9 所示。重启 3ds Max，打开"材质编辑器"窗口，即可显示标准材质，如图 5-10 所示。下面介绍标准材质下的几个卷展栏。

图 5-9 "自定义 UI 与默认设置切换器"对话框

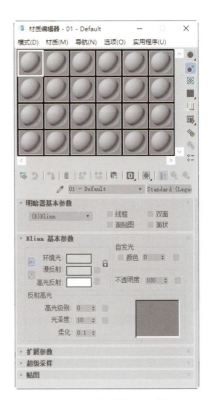

图 5-10 标准材质面板

一、"明暗器基本参数"卷展栏

"明暗器基本参数"卷展栏如图 5-11 所示,它提供了 8 种着色模式,单击下拉按钮,可以在弹出的下拉列表中任选一种,如图 5-12 所示。

图 5-11 "明暗器基本参数"卷展栏

图 5-12 8 种着色模式

8 种着色模式简单介绍如下。

- 各向异性:适合对场景中被省略的对象进行着色。
- Blinn:默认的着色模式,与 Phong 相似,适合对大多数普通对象进行渲染。
- 金属:专门用作金属材质的着色模式,体现金属所需的强烈高光。
- 多层:为表面特征复杂的对象进行着色。
- Oren-Nayar-Blinn:为表面粗糙的对象(如织物等)进行着色。
- Phong:以光滑的方式进行着色,效果柔软细腻。
- Strauss:与其他着色模式相比,Strauss 具有简单的光影分界线,可以对金属或非金属对象进行渲染。

- 半透明明暗器：使赋予材质半透明。

4 种场景对象材质的显示模式介绍如下。

- 线框：为线架结构显示模式。
- 双面：为双面材质显示模式。
- 面贴图：将材质赋予对象所有的面。
- 面状：将材质以面的形式赋予对象。

二、"Blinn 基本参数"卷展栏

"Blinn 基本参数"卷展栏包括颜色通道和强度通道两部分，如图 5-13 所示。其中，颜色通道有"环境光"、"漫反射"和"高光反射"，强度通道有"自发光"、"不透明度"和"反射高光"。

1．颜色通道

- 环境光：材质阴影部分反射的颜色。在样本球中，它指绕着圆球右下角的部位的颜色。
- 漫反射：反射直射光的颜色。在样本球中，它指在左上方及中心附近看到的主要颜色。
- 高光反射：物体高光部分直接反射到人眼中的颜色。在样本球中反映为球左上方白色聚光部分的颜色。

图 5-13 "Blinn 基本参数"卷展栏

2．强度通道

- 自发光：当制作灯管、星光等荧光材质时选用此项，可以指定颜色，也可以指定贴图，方法是勾选"颜色"复选框，单击颜色右侧的方块进行调整。自发光效果对比如图 5-14 所示。
- 不透明度：控制灯管物体透明程度的工具。当值为 100 时为不透明荧光材质，当值为 0 时则完全透明。不透明度效果对比如图 5-15 所示。

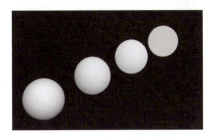 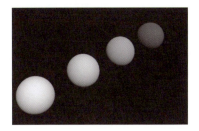

图 5-14 自发光效果对比　　　　　　图 5-15 不透明度效果对比

- 反射高光：包括"高光级别"、"光泽度"和"柔化"3 个参数及右侧的曲线显示框，其用来调节材质的质感。高光级别和光泽度效果对比分别如图 5-16 和图 5-17 所示。

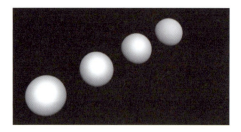
图 5-16　高光级别效果对比

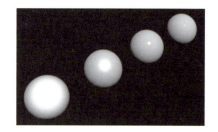
图 5-17　光泽度效果对比

 说明

　　高光级别、光泽度与柔化 3 个参数的值共同决定物体的质感，曲线是对这 3 个参数的描述，通过它可以更好地把握对高光的调整。

三、"扩展参数"卷展栏

　　"扩展参数"卷展栏是基本参数区的延伸，包括"高级透明"控制区、"线框"控制区和"反射暗淡"控制区 3 部分，如图 5-18 所示。

　　1．"高级透明"控制区

- "衰减"为两种透明材质的不同衰减效果，其中"内"表示由外向内衰减，"外"表示由内向外衰减。衰减程度由"衰减"参数控制。图 5-19 所示为不同衰减效果对比。
- "类型"为不透明度控制区，有 3 种透明过滤方式，即"过滤"、"相减"和"相加"。在 3 种透明过滤方式中，"过滤"是常用的方式，该方式用于制作玻璃等特殊材质的效果。图 5-20 所示为不同类型的效果对比。
- "折射率"用来控制折射贴图和光线的折射率。

图 5-18　"扩展参数"卷展栏

图 5-19　不同衰减效果对比

图 5-20　不同类型的效果对比

2. "线框"控制区

"线框"控制区必须与"明暗器基本参数"卷展栏中的"线框"选项结合使用,可以制作出不同的线框效果。

- "大小"用来设置线框的大小。
- "按"用来选择单位。

3. "反射暗淡"控制区

反射暗淡设置主要针对使用反射贴图材质的对象。

当物体使用反射贴图后,全方位的反射计算会导致其失去真实感。此时,勾选"应用"复选框,打开反射暗淡,反射暗淡即可起作用。

四、"超级采样"卷展栏

"超级采样"卷展栏如图 5-21 所示。针对使用很强凹凸贴图的对象,超级采样功能可以明显地改善场景对象的渲染质量,并对材质表面进行抗锯齿计算,使反射的高光特别光滑,同时渲染时间也会大大增加。

图 5-21 "超级采样"卷展栏

五、"贴图"卷展栏

贴图是材质制作的关键环节,3ds Max 2022 在标准材质的"贴图"卷展栏中提供了 12 种贴图方式,如图 5-22 所示。每一种贴图方式都有其独特之处,能否塑造出真实材质在很大程度上取决于贴图方式与形形色色的贴图类型结合运用得成功与否。

12 种贴图方式介绍如下。

- 环境光颜色:在默认状态下呈灰色显示,通常不单独使用,效果与漫反射颜色锁定。
- 漫反射颜色:使用该贴图方式,物体的固有色将被置换为所选择的贴图。应用漫反射原理,将贴图平铺在对象上,用以表现材质的纹理效果,这是最常用的一种贴图方式。
- 高光颜色:将贴图应用于材质的高光区。

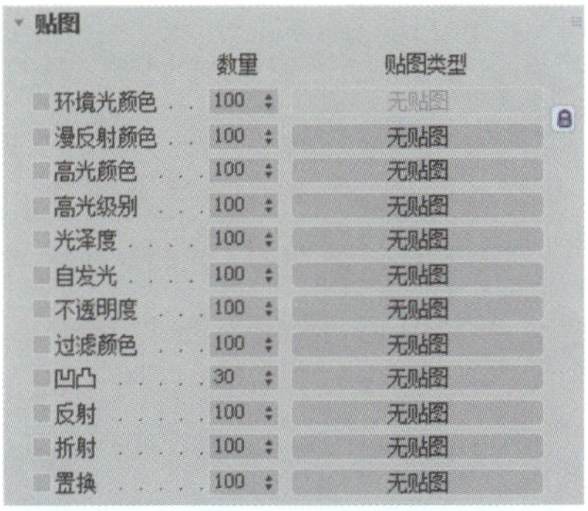

图 5-22 "贴图"卷展栏

- 高光级别：与高光颜色贴图相同，但强弱效果取决于参数区中的高光强度。
- 光泽度：贴图出现在物体的高光处，控制对象高光处贴图的光泽度。
- 自发光：当自发光贴图被赋予对象表面后，贴图浅色部分产生发光效果，其余部分依旧。
- 不透明度：依据贴图的明暗度在物体表面产生透明效果。贴图颜色越深的地方越透明，贴图颜色越浅的地方越不透明。
- 过滤颜色：过滤颜色贴图会影响透明贴图，材质的颜色取决于贴图的颜色。
- 凹凸：凹凸贴图是一种非常重要的贴图方式，贴图颜色浅的部分产生凸起效果，贴图颜色深的部分产生凹陷效果，是塑造真实材质的重要手段。
- 反射：反射贴图是一种非常重要的贴图方式，用于表现金属的强烈反光质感。
- 折射：折射贴图用于制作水、玻璃等材质的折射效果。
- 置换：3ds Max 2.5 版本之后新增的置换贴图。

案例——为茶几模型赋予材质

本案例通过为茶几模型赋予材质介绍如何灵活地应用材质命令创建逼真的三维模型。

（1）执行"文件"→"打开"菜单命令，打开"源文件/项目五/茶几.max"文件，如图 5-23 所示。

（2）单击工具栏中的 按钮，打开"材质编辑器"窗口，激活第一个样本球。

（3）单击"漫反射"旁边的颜色块，在弹出的颜色框中调制淡蓝色，参数设置如图 5-24 所示。

图 5-23　茶几模型

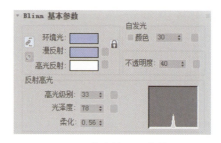
图 5-24　玻璃材质的参数设置

（4）在任意视图中选中茶几的两个面，单击 按钮，将材质赋予对象。

（5）激活第二个样本球，单击"漫反射"旁边的颜色块，在弹出的颜色框中调制淡绿色，参数设置如图 5-25 所示。

（6）在场景中选中两个边框，单击 按钮，将材质赋予对象。

（7）激活第三个样本球，设置着色模式为"金属"，参数设置如图 5-26 所示。

项目五 材质的使用

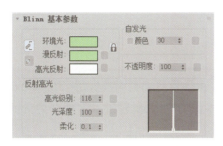

图 5-25 淡绿色塑料材质的参数设置

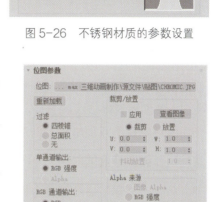

图 5-26 不锈钢材质的参数设置

（8）展开"贴图"卷展栏，单击"反射"贴图通道右侧的"无贴图"按钮，随后添加源文件中的"贴图\CHROMIC.JPG"文件，如图5-27所示。

（9）选中茶几的4条腿，单击 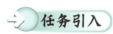 按钮，将材质赋予对象。

（10）渲染透视图，茶几模型效果如图5-28所示。

（11）还可以创建一个平面作为地面，并赋予一张木纹贴图，这里仅给出参考效果，如图5-29所示。

图 5-27 "反射"贴图设置

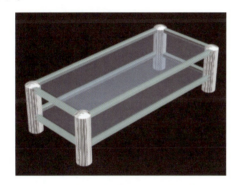

图 5-28 渲染后的茶几模型

图 5-29 为茶几模型添加地面

任务三 常用的材质类型

任务引入

小丽在给模型赋予材质时又遇到了新的问题，即同一个物体需要设置不同的材质，那么怎样才能完成操作呢？

知识准备

材质可以详细描述对象如何反射或透射灯光，使场景更加具有真实感。3ds Max 2022 提供了多种材质类型，如双面材质、混合材质、多维/子对象材质等。下面介绍常用的材质类型。

一、双面材质

使用双面材质可以为对象的正面和背面指定两种不同的材质。对象的正面即法线指向的方向，背面即背向法线的方向。一般情况下，只有正面可见，背面不可见。如果为具有两个面的对象赋予双面材质，则双面都可见。

案例——设置茶壶的颜色

（1）单击"创建"命令面板中的"几何体"按钮 ⬤，在下面的下拉列表中选择"标准基本体"选项，展开"对象类型"卷展栏，单击"茶壶"按钮，在透视图中创建一个茶壶，如图 5-30 所示。

（2）选中茶壶，进入"修改"命令面板，展开"参数"卷展栏，取消勾选"壶盖"复选框，如图 5-31 所示。

图 5-30　创建的茶壶　　　　　　图 5-31　取消勾选"壶盖"复选框

（3）单击工具栏中的 ▦ 按钮，打开"材质编辑器"窗口。

（4）激活一个空白示例窗，使其处于活动状态。单击"材质编辑器"窗口中的"Standard（Legacy）"按钮，打开"材质/贴图浏览器"对话框，如图 5-32 所示。

（5）选择"双面"选项，单击"确定"按钮，弹出"替换材质"对话框，如图 5-33 所示。

图 5-32 "材质/贴图浏览器"对话框

图 5-33 "替换材质"对话框

（6）选中"丢弃旧材质？"单选按钮，单击"确定"按钮，展开"双面基本参数"卷展栏，如图 5-34 所示。

（7）单击"正面材质"后面的"Material#2(Standard（Legacy））"按钮，进入正面材质编辑层次。在"Blinn 基本参数"卷展栏中单击"漫反射"旁边的颜色块，弹出颜色框，将正面材质的颜色设置为蓝色，如图 5-35 所示。

图 5-34 "双面基本参数"卷展栏

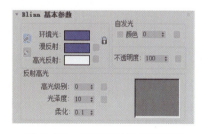

图 5-35 正面材质的参数设置

（8）连续单击材质编辑器工具栏中的"转到父对象"按钮，返回"双面基本参数"卷展栏。

（9）单击"背面材质"后面的"Material#3(Standard（Legacy））"按钮，进入背面材质编辑层次，将"漫反射"颜色设置为洋红色，如图 5-36 所示。

（10）连续单击材质编辑器工具栏中的"转到父对象"按钮，返回"双面基本参数"卷展栏。在视图中选中茶壶对象，单击材质编辑器工具栏中的"将材质指定给选定对象"按钮，将材质赋予茶壶，在透视图中的效果如图 5-37 所示。

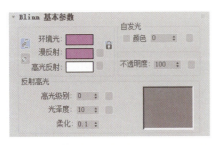

图 5-36　设置背面材质"漫反射"颜色

图 5-37　将材质赋予茶壶后的效果

（11）执行"渲染"→"渲染设置"菜单命令，打开"渲染设置：扫描线渲染器"窗口，将"输出大小"参数设置为"自定义"，将"宽度"参数设置为"640"，将"高度"参数设置为"480"，并勾选"强制双面"复选框，如图 5-38 所示。单击"渲染"按钮，渲染视图，效果如图 5-39 所示。

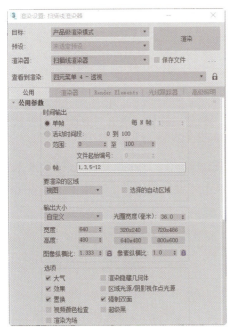

图 5-38　"渲染设置：扫描线渲染器"窗口

图 5-39　茶壶渲染效果

二、混合材质

使用混合材质可以在曲面的单个面上将两种材质进行混合。其具有可设置动画的混合量参数，该参数可以用来绘制材质变形功能曲线，以控制随时间混合两种材质的方式。

案例——制作地板材质

（1）执行"文件"→"打开"菜单命令，打开"源文件/项目五/wc.max"场景文件，渲染摄影机视图，效果如图 5-40 所示。

（2）单击工具栏中的 按钮，打开"材质编辑器"窗口，在材质样本窗口中选择一个空白的材质球，将当前材质球命名为"面片"。选中场景中的地板模型，单击"将材质指定给选定对象"按钮 ，将材质赋予地板。

（3）在材质编辑器中单击材质名称右侧的材质类型按钮，在打开的如图 5-41 所示的"材质/贴图浏览器"对话框中选择"混合"材质，这时打开"替换材质"对话框，在该对话框中选中"将旧材质保存为子材质？"单选按钮，表示保留旧材质，如图 5-42 所示。

（4）在"混合"材质编辑面板中，展开"混合基本参数"卷展栏，如图 5-43 所示。单击"材质 1"右侧的长按钮，进入 1 号材质控制面板，为材质指定贴图。展开"贴图"卷展栏，单击"漫反射颜色"通道右侧的"无贴图"按钮，在弹出的"材质/贴图浏览器"对话框中选择"位图"选项，打开"源文件/常见材质/地板.jpg"贴图文件。进入"位图"材质编辑面板，展开"坐标"卷展栏，其 UV 值等设置保持默认参数不变。

图 5-40　渲染摄影机视图后的场景效果

图 5-41　选择"混合"材质

图 5-42　确认保留旧材质

图 5-43　"混合基本参数"卷展栏

（5）给地板添加反射效果。单击"转到父对象"按钮，返回 1 号材质的"贴图"卷展栏，单击"反射"通道右侧的"无贴图"按钮，在弹出的"材质/贴图浏览器"对话框中选择"光线跟踪"贴图类型，并在其"数量"文本框内输入数值"20"，如图 5-44 所示。

（6）进入"光线跟踪类型"控制面板，展开"衰减"卷展栏，在"衰减类型"下拉列表中选择"线性"类型，如图 5-45 所示。

图 5-44 设置地板材质的反射参数

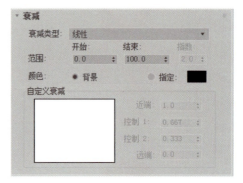

图 5-45 选择线性衰减

（7）单击"转到父对象"按钮，返回 1 号材质编辑面板，设置地板材质的基本参数，如图 5-46 所示。

（8）单击"转到父对象"按钮，返回"混合"材质编辑面板，单击"材质 2"右侧的长按钮，进入 2 号材质控制面板，并在材质名称窗口中将该材质命名为"纹理"。

（9）展开"纹理"材质的"贴图"卷展栏，单击"漫反射颜色"通道右侧的"无贴图"按钮，在弹出的"材质/贴图浏览器"对话框中选择"位图"选项，打开"源文件/常见材质/ tile50L. tif"贴图文件。

（10）进入"位图"材质编辑面板，展开"坐标"卷展栏，设置 UV 值，如图 5-47 所示。

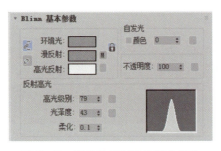

图 5-46 设置地板材质的基本参数

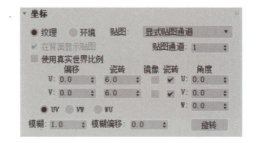

图 5-47 设置位图的 UV 值

（11）单击"转到父对象"按钮，返回"纹理"材质编辑面板，使用前面给地板材质添加反射效果的方法给纹理材质添加反射效果，设置反射的衰减类型为"线性"，设置反射的数量值为 52，如图 5-48 所示。

（12）设置纹理材质的明暗方式和基本参数，如图 5-49 所示。

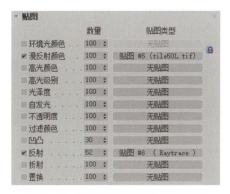
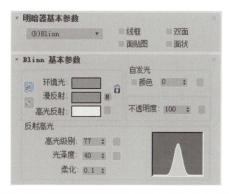

图 5-48 设置纹理材质的反射参数　　　　图 5-49 设置纹理材质的明暗方式和基本参数

（13）单击"转到父对象"按钮，返回"混合"材质编辑面板，可以看到在材质样本窗口中只显示地板材质，而不显示纹理材质。

（14）单击"材质/贴图导航器"按钮，打开"材质/贴图导航器"窗口，在导航器材质贴图中选择纹理材质的 tile50L.tif 贴图，如图 5-50 所示。

（15）选择贴图后，用鼠标将其拖曳到"混合"材质编辑面板中"遮罩"后面的"无贴图"按钮上。这时弹出"实例（副本）材质"对话框，从中选择"实例"选项。此时在材质样本窗口中显示出纹理材质，如图 5-51 所示。

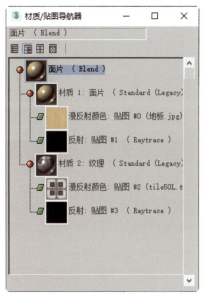

图 5-50 在"材质/贴图导航器"窗口中选择纹理材质的贴图　　图 5-51 纹理材质效果

（16）为了使"面片"材质的纹理更加清晰，进入遮罩贴图编辑面板，展开"输出"卷展栏，勾选"启用颜色贴图"复选框，激活输出编辑框，如图 5-52 所示。在编辑框中，把线段的左侧端点向下拖动，越往下拖动，贴图的颜色明度越暗；反之，则明度越亮。如果勾选"反转"复选框，则可以反转贴图的明暗图案。

（17）设置完混合材质后，激活摄影机视图，进行快速渲染，效果如图 5-53 所示。

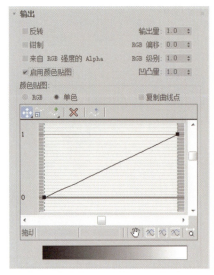

图 5-52 调整"输出"卷展栏设置　　图 5-53 地板渲染效果

三、多维/子对象材质

使用多维/子对象材质可以采用几何体的子对象级别分配不同的材质。创建多维材质，将其指定给对象并使用网格选择修改器选中面，然后选择多维材质中的子材质指定给选中的面。

案例——制作五色圆柱体模型

（1）进入"创建"命令面板，单击"几何体"按钮，在下面的下拉列表中选择"标准基本体"选项，然后在"对象类型"卷展栏中单击"圆柱体"按钮，在视图中创建一个圆柱体模型并设置其高的分段数为5，如图5-54所示。

（2）进入"修改"命令面板，在"修改器列表"下拉列表中选择"编辑网格"命令，然后在"选择"卷展栏中单击"多边形"按钮。

（3）采用框选方式，选中圆柱体最上面一圈的所有面，如图5-55所示。在"曲面属性"卷展栏中的"材质"参数区中设置ID号为1，如图5-56所示。使用同样的方法，依次把下面的4圈面的ID号分别设置为2、3、4、5。

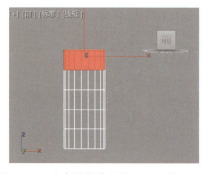

图 5-54 创建圆柱体　　图 5-55 选中圆柱体最上面一圈的所有面

图 5-56　设置 ID 号 1

（4）单击工具栏中的 按钮，打开"材质编辑器"窗口，选中一个样本球，然后单击"Standard（Legacy）"按钮，在打开的对话框中选择"多维/子对象"选项，如图 5-57 所示。单击"确定"按钮，弹出"替换材质"对话框，选中"将旧材质保存为子材质？"单选按钮，单击"确定"按钮，退出对话框。

图 5-57　选择"多维/子对象"选项

（5）返回材质编辑器，在"多维/子对象基本参数"卷展栏中单击"设置数量"按钮，在弹出的对话框中设置"材质数量"为 5，如图 5-58 所示。

（6）单击第一个子材质按钮，进入第一个子材质编辑框，这里仅设置其颜色为绿色。

（7）单击"转到父对象"按钮 ，然后单击第二个子材质按钮，进入第二个子材质编辑框，这里仅设置其颜色为红色。

（8）采用同样的方法，分别设置其他子材质的颜色为蓝色、黄色、洋红色，参数设置如图 5-59 所示。

图 5-58　设置材质数量

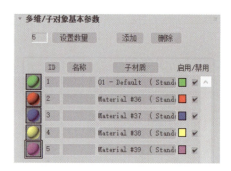
图 5-59　材质参数设置

（9）把这个材质球的材质赋予视图中的对象，在透视图中的效果如图 5-60 所示。

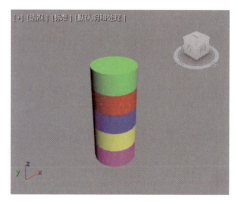
图 5-60　制作的五色圆柱体模型

任务四　UVW 贴图

任务引入

小丽家需要翻新客厅，并准备将客厅的地砖更换为木地板。在木地板的选择上，小丽犯了难，她打算通过 3ds Max 来进行设计。在为地板赋予材质贴图时，又出现了新的问题，她发现木地板材质贴图不均匀，那么需要怎样进行改进呢？使用什么方法调整贴图方式呢？

知识准备

贴图是继材质之后又一项增强物体质感和真实感的强大技术，如果能很好地进行贴图处理，那么物体的面目会得到很大改观。

一、初识 UVW 贴图修改器

材质的"贴图"卷展栏用于访问并为材质的各个组件指定贴图,下面讲解绘制过程。

(1)重置系统。

(2)单击"创建"命令面板中的"几何体"按钮,在下面的下拉列表中选择"标准基本体"选项,展开"对象类型"卷展栏,单击"长方体"按钮,在透视图中创建一个长方体作为贴图的对象,如图 5-61 所示。

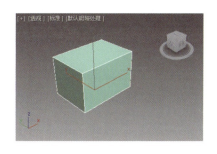

图 5-61 在透视图中创建的贴图对象

(3)选中长方体,打开材质编辑器。

(4)选中一个样本球,在"贴图"卷展栏中单击"漫反射颜色"通道右侧的"无贴图"按钮,在弹出的"材质/贴图浏览器"对话框中双击"贴图"下的"位图"贴图,从弹出的对话框中选择一张砖墙图片。

(5)单击水平工具栏中的"将材质指定给选定对象"按钮,然后单击"视口中显示明暗处理材质"按钮,此时在透视图中的效果如图 5-62 所示。

(6)从透视图中可以看到,砖块的大小不太合适。进入"修改"命令面板,在"修改器列表"下拉列表中选择"UVW 贴图"命令。在"参数"卷展栏中选择"长方体"贴图方式,然后单击"适配"按钮,如图 5-63 所示。

图 5-62 贴上砖墙图片的长方体

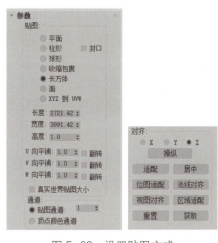

图 5-63 设置贴图方式

(7)微调 U 向平铺和 V 向平铺的值,从透视图中观察调整效果,直到满意为止。此时,在透视图中的效果如图 5-64 所示。

二、贴图方式

3ds Max 主要为我们提供了平面、柱形、球形、收缩包裹、长方体、面和 XYZ 到 UVW 7 种贴图方式。下面介绍几种常用的贴图方式。

1. 平面

贴图从一个平面上被投下,这种贴图方式在物体只需要一个面有贴图时使用,如图5-65所示。

图5-64 调整后的效果

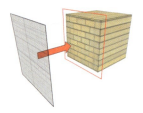

图5-65 平面贴图演示

(1)重置系统。

(2)单击"创建"命令面板中的"几何体"按钮●,在下面的下拉列表中选择"标准基本体"选项,展开"对象类型"卷展栏,单击"长方体"按钮,在透视图中创建一个长方体板状物作为贴图的对象。

(3)选中长方体,打开材质编辑器。

(4)选中一个样本球,在"贴图"卷展栏中单击"漫反射颜色"通道右侧的"无贴图"按钮,在弹出的"材质/贴图浏览器"对话框中双击"贴图"下的"位图"贴图,从弹出的对话框中随便选择一张图片。

(5)单击水平工具栏中的"将材质指定给选定对象"按钮。

(6)进入"修改"命令面板,在"修改器列表"下拉列表中选择"UVW贴图"命令。在"参数"卷展栏中选择"平面"贴图方式,然后单击"适配"按钮。

(7)观察透视图中的效果,如图5-66所示。可以看到,在长方体的顶部出现了贴图图片,其他侧面也发生了变化,被贴上了条纹。此为平面贴图方式。

2. 柱形

贴图投射在一个柱面上,环绕在圆柱体的侧面,如图5-67所示。这种贴图方式在物体造型近似圆柱体时非常有用。

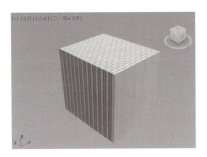

图5-66 平面贴图效果

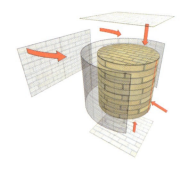

图5-67 柱形贴图演示

(1)重置系统。

（2）单击"创建"命令面板中的"几何体"按钮●，在下面的下拉列表中选择"标准基本体"选项，展开"对象类型"卷展栏，单击"圆柱体"按钮，在透视图中创建一个圆柱体作为贴图的对象。

（3）选中圆柱体，打开材质编辑器。

（4）选中一个样本球，在"贴图"卷展栏中单击"漫反射颜色"通道右侧的"无贴图"按钮，在弹出的"材质/贴图浏览器"对话框中双击"贴图"下的"位图"贴图，从弹出的对话框中随便选择一张图片。

（5）单击水平工具栏中的"将材质指定给选定对象"按钮，然后单击"视口中显示明暗处理材质"按钮，此时在透视图中的效果如图5-68所示。

（6）进入"修改"命令面板，在"修改器列表"下拉列表中选择"UVW贴图"命令。在"参数"卷展栏中选择"柱形"贴图方式，然后单击"适配"按钮。

（7）观察透视图中的效果，如图5-69所示。可以发现，贴图环绕在圆柱体的侧面。此为柱形贴图方式。

图5-68　未采用柱形贴图方式时的效果　　　　图5-69　柱形贴图效果

3. 球形

贴图以球面方式环绕在物体表面，产生接缝，如图5-70所示。这种贴图方式用于造型类似球体的物体。

（1）重置系统。

（2）单击"创建"命令面板中的"几何体"按钮●，在下面的下拉列表中选择"标准基本体"选项，展开"对象类型"卷展栏，单击"球体"按钮，在透视图中创建一个球体作为贴图的对象。

（3）选中球体，打开材质编辑器。

（4）选中一个样本球，在"贴图"卷展栏中单击"漫反射颜色"通道右侧的"无贴图"按钮，在弹出的"材质/贴图浏览器"对话框中双击"贴图"下的"位图"贴图，从弹出的对话框中随便选择一张图片。

图5-70　球形贴图演示

（5）单击水平工具栏中的"将材质指定给选定对象"按钮，然后单击"视口中显示明暗处理材质"按钮。

（6）进入"修改"命令面板，在"修改器列表"下拉列表中选择"UVW贴图"命令。

在"参数"卷展栏中选择"球形"贴图方式,然后单击"适配"按钮。

(7)观察透视图中的效果,正面如图 5-71 所示,背面如图 5-72 所示。可以看到,贴图以球面方式环绕在物体表面,产生接缝。此为球形贴图方式。

图 5-71 球形贴图正面效果　　　　　　　图 5-72 球形贴图背面效果

4．收缩包裹

这种贴图也是球形的,但收紧了贴图的四角,使贴图的所有边聚集在球的一点上,可以使贴图不出现接缝,如图 5-73 所示。

(1)重置系统。

(2)单击"创建"命令面板中的"几何体"按钮●,在下面的下拉列表中选择"标准基本体"选项,展开"对象类型"卷展栏,单击"球体"按钮,在透视图中创建一个球体作为贴图的对象。

(3)选中球体,打开材质编辑器。

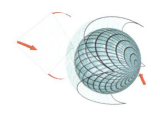

图 5-73 收缩包裹贴图演示

(4)选中一个样本球,在"贴图"卷展栏中单击"漫反射颜色"通道右侧的"无贴图"按钮,在弹出的"材质/贴图浏览器"对话框中双击"贴图"下的"位图"贴图,从弹出的对话框中随便选择一张图片。

(5)单击水平工具栏中的"将材质指定给选定对象"按钮,然后单击"视口中显示明暗处理材质"按钮。

(6)进入"修改"命令面板,在"修改器列表"下拉列表中选择"UVW 贴图"命令。在"参数"卷展栏中选择"收紧包裹"贴图方式,然后单击"适配"按钮。

(7)观察透视图中的效果,正面如图 5-74 所示,背面如图 5-75 所示。可以看到,贴图收紧了四角,使贴图的所有边聚集在球的一点上,不出现接缝。此为收缩包裹贴图方式。

图 5-74 收缩包裹贴图正面效果　　　　　　图 5-75 收缩包裹贴图背面效果

5. 长方体

使用长方体贴图方式可以给场景对象的 6 个面同时赋予贴图,就好像有一个盒子将对象包裹起来一样,这里不做过多讲述。

6. 面

面贴图方式不以投影的方式来赋予场景对象贴图,而根据场景中对象的面片数来分布贴图,如图 5-76 所示。

(1)重置系统。

(2)在透视图中创建一个长、宽、高分段数均为 2 的长方体,作为贴图的对象。

(3)选中长方体,打开材质编辑器。

(4)选中一个样本球,在"贴图"卷展栏中单击"漫反射颜色"通道右侧的"无贴图"按钮,在弹出的"材质/贴图浏览器"对话框中双击"贴图"下的"位图"贴图,从弹出的对话框中随便选择一张图片。

(5)单击水平工具栏中的"将材质指定给选定对象"按钮,然后单击"视口中显示明暗处理材质"按钮。

(6)进入"修改"命令面板,在"修改器列表"下拉列表中选择"UVW 贴图"命令。在"参数"卷展栏中选择"面"贴图方式,然后单击"适配"按钮。

(7)观察透视图中的效果,如图 5-77 所示。可以看到,长方体的每个面上都有一张贴图。

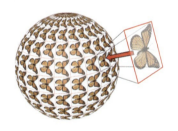

图 5-76 面贴图演示

图 5-77 面贴图效果

贴图对应的参数如下。

- 长度、宽度、高度:用来定义 Gizmo 的尺寸,使用工具栏中的选择并均匀缩放工具可以达到同等效果。
- U 向平铺:定义贴图在 U 方向上重复的次数。
- V 向平铺:定义贴图在 V 方向上重复的次数。
- W 向平铺:定义贴图在 W 方向上重复的次数。
- 操纵:单击该按钮,贴图在对应方向上发生翻转。
- 通道:为每个场景对象指定两个通道,通道 1 为在 UVW 贴图中所选择的贴图方式,通道 2 为系统默认为场景对象赋予的贴图坐标。
- 适配:单击该按钮,贴图坐标会自动与对象的外轮廓边界大小一致。它会改变贴图坐标原有的位置和比例。
- 居中：使贴图坐标中心与对象中心对齐。
- 位图适配：单击该按钮，可以强行把已经选择的贴图的比例转变成所选择的位图的高宽比例。
- 法线对齐：使贴图坐标与面片法线垂直。
- 视图对齐：将贴图坐标与所选视窗对齐。
- 区域适配：单击该按钮，可以在不影响贴图方向的情况下，通过拖动视窗来定义贴图的区域。
- 重置：单击该按钮，贴图坐标自动恢复到初始状态。
- 获取：获取其他场景对象贴图坐标的角度、比例及位置。

综合案例　制作可乐罐模型

本实例通过介绍材质的基本制作、调节方法及材质的基本属性，使读者掌握材质在实际生活中的运用。

（1）执行"文件"→"打开"菜单命令，打开"源文件/项目五/Kele.max"场景文件，如图 5-78 所示。

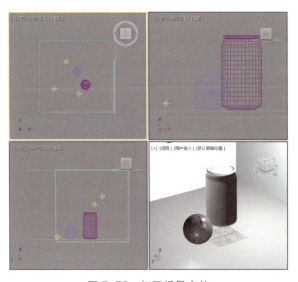

图 5-78　打开场景文件

（2）按下快捷键 M 或单击工具栏中的"材质编辑器"按钮，打开材质编辑器。在材质样本窗口中选择一个空白的材质球，然后选中场景中的可乐罐模型，把材质球拖曳到可乐罐上，将材质赋予可乐罐。这时，材质样本窗口四周出现小三角形，表示此材质为同步材质。

（3）在材质编辑器中单击材质名称右侧的材质类型按钮，打开"材质/贴图浏览器"对话框，从中选择"多维/子对象"材质，如图5-79所示。单击"确定"按钮，打开"替换材质"对话框，如图5-80所示，从中选中"将旧材质保存为子材质？"单选按钮，表示保留旧材质，然后单击"确定"按钮。

图5-79　选择"多维/子对象"材质　　　　图5-80　选择保留旧材质

（4）选择保留旧材质后，展开"多维/子对象基本参数"卷展栏，如图5-81所示。在该卷展栏中，单击"设置数量"按钮，打开"设置材质数量"对话框，如图5-82所示。在"材质数量"文本框中输入数值2，然后单击"确定"按钮，打开由两种材质组成的多维/子对象材质设置面板。

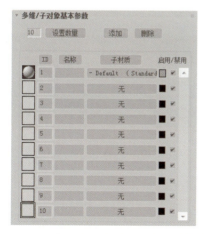

图5-81　"多维/子对象基本参数"卷展栏1　　图5-82　"设置材质数量"对话框

（5）选择可乐罐，单击"修改"按钮，进入"修改"命令面板，在"修改器列表"

下拉列表中选择"编辑网格"命令,在"可编辑网格"列表框中选择"多边形"选项,如图 5-83 所示;或者在"选择"卷展栏中单击"多边形"按钮■。然后在前视图中选中可乐罐的中间部分(红色表示被选中),如图 5-84 所示。

图 5-83 "修改"命令面板

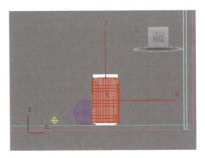

图 5-84 选中可乐罐的中间部分

(6)进入"修改"命令面板,展开"曲面属性"卷展栏,在"设置 ID"文本框内输入数值 1,如图 5-85 所示。

(7)保持可乐罐中间部分的选中状态,执行"编辑"→"反选"菜单命令,如图 5-86 所示。这时,系统将自动选中可乐罐的其余部分,如图 5-87 所示。再次进入"修改"命令面板,展开"曲面属性"卷展栏,在"设置 ID"文本框内输入数值 2。

图 5-85 设置 ID 号 2

图 5-86 执行"编辑"→"反选"菜单命令

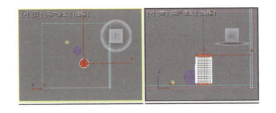

图 5-87 反选可乐罐的其余部分

 注意

因为可乐罐的材质分为两种,所以需要设置两种不同的材质作为可乐罐的表面贴图。用户必须将可乐罐的表面 ID 号和多维/子对象材质的 ID 号设置一致。

(8)返回多维/子对象材质设置面板,在 ID 号为 1 的物体材质中,输入名称为 Kele1。在 Kele1 的材质设定中,保持系统默认的 Blinn 明暗方式,Blinn 基本参数设置如图 5-88 所示。

(9)在"贴图"卷展栏中单击"漫反射颜色"通道右侧的"无贴图"按钮,在弹出的"材质/贴图浏览器"对话框中选择"位图"选项,如图 5-89 所示。然后在弹出的"选择位图图像文件"对话框中选择"源文件/常见材质/可乐.jpg"图像。

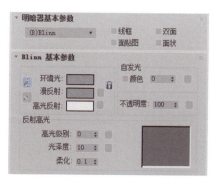

图 5-88　Blinn 基本参数设置

图 5-89　选择"位图"贴图类型

(10)展开"贴图"卷展栏,单击"反射"通道右侧的"无贴图"按钮,在打开的"材质/贴图浏览器"对话框中选择"光线跟踪"贴图类型,进入"光线跟踪"材质编辑面板,保持系统默认参数不变。

(11)单击"转到父对象"按钮,回到 Kele1 材质的编辑面板中。展开"贴图"卷展栏,在"反射"通道右侧的"数量"数值框中输入数值 15,如图 5-90 所示。完成这些设置后,双击 Kele1 的材质样本窗口,观察材质效果,如图 5-91 所示。

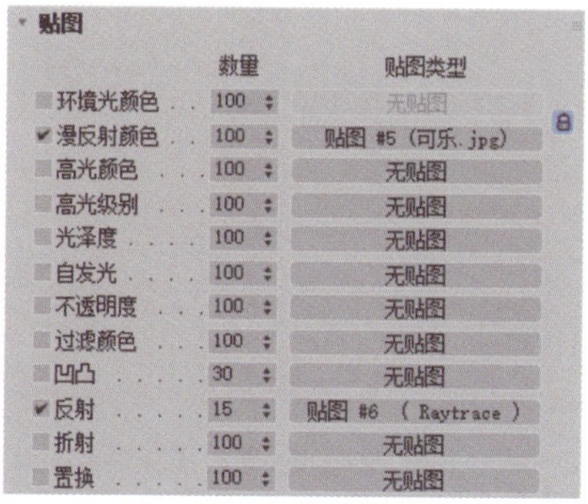

图 5-90　设置"反射"的数量值

图 5-91　Kele1 材质效果

（12）在材质样本窗口中再选择一个空白材质球，并重命名为Kele2。在Kele2的材质设定中，在"明暗器基本参数"卷展栏的下拉列表中选择"金属"明暗方式，金属基本参数设置和贴图通道设置分别如图5-92和图5-93所示，其余参数保持默认设置。

图5-92　金属基本参数设置

图5-93　贴图通道设置

（13）由于在渲染图中能看到可乐罐的内壁，因此应该把可乐罐设置为双面材质。在材质编辑器中单击Kele1名称右侧的材质类型按钮，在打开的"材质/贴图浏览器"对话框中双击"双面"选项，如图5-94所示。

（14）在打开的"替换材质"对话框中选中"将旧材质保存为子材质？"单选按钮，保留Kele1材质。双面材质的基本参数设置如图5-95所示，分为正面材质和背面材质。

图5-94　双击"双面"选项

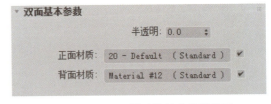

图5-95　双面材质的基本参数设置

（15）把先前设定好的Kele2材质从样本材质窗口中拖曳到"双面基本参数"卷展栏

中的"背面材质"右侧的"无"按钮上,将其作为双面材质的背面材质,即 Kele1 的内壁材质。在打开的对话框中选择"复制"方法,表示复制 Kele2 材质,如图 5-96 所示。

(16)进入复制的 Kele2 材质编辑面板,将其重命名为"内壁"。进入"内壁"材质编辑面板,展开"贴图"卷展栏,单击"漫反射颜色"通道右侧的"无贴图"按钮,添加"衰减"贴图。展开"衰减参数"卷展栏,其中的参数设置保持默认不变,如图 5-97 所示。

图 5-96 选择"复制"方法

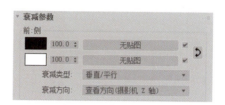

图 5-97 "衰减参数"卷展栏

(17)单击"转到父对象"按钮,返回多维/子对象材质编辑面板。把先前设定好的 Kele2 材质从样本材质窗口中拖曳到"多维/子对象基本参数"卷展栏中的 ID 号为 2 的子材质的"无"按钮上,在打开的"实例(副本)材质"对话框中选择"实例"选项,表示关联 Kele2 材质。这时"多维/子对象基本参数"卷展栏应如图 5-98 所示。设置完成后,双击多维/子对象材质的材质样本窗口,观察材质效果,如图 5-99 所示。

(18)单击"多维/子对象材质"工具栏中的"材质/贴图导航器"按钮,打开"材质/贴图导航器"窗口,观察"多维/子对象"材质结构,应如图 5-100 所示。单击导航器中的任何层级的材质,可直接进入该材质的编辑面板对其进行调整。

图 5-98 "多维/子对象基本参数"卷展栏 2

图 5-99 多维/子对象材质球

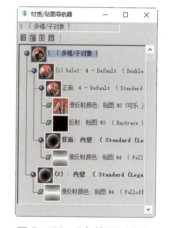

图 5-100 "多维/子对象"材质结构

(19)在材质样本窗口中选择一个空白材质球赋予场景中的球体,并将其重命名为"球"。在球的材质设定中,各向异性基本参数设置如图 5-101 所示。

(20)展开"贴图"卷展栏,单击"漫反射颜色"通道右侧的"无贴图"按钮,在弹出的"材质/贴图浏览器"对话框中选择"位图"选项,然后在弹出的"选择位图图像文件"对话框中选择"源文件/常见材质/1.jpg"图像。按照上述方法,分别为"自发光"通道和"反射"通道加载"衰减"贴图和"光线跟踪"贴图,此时"贴图"卷展栏中的参数设置如图 5-102 所示。

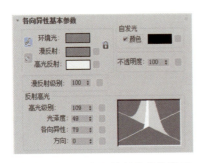

图 5-101 各向异性基本参数设置

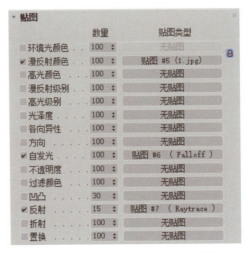

图 5-102 "贴图"卷展栏中的参数设置

(21) 在"贴图"卷展栏中单击"自发光"通道右侧的"衰减"贴图按钮,进入"衰减"材质编辑面板,衰减参数设置保持默认不变,如图 5-103 所示。

(22) 返回"球"材质编辑面板,展开"贴图"卷展栏,单击"反射"通道右侧的"光线跟踪"贴图按钮,进入"光线跟踪"材质编辑面板。在"背景"组中选择使用贴图方式,即单击"无"按钮,在打开的"材质/贴图浏览器"对话框中双击"位图"贴图类型,然后在打开的"选择位图图像文件"对话框中选择"源文件/常见材质/Lakerem.jpg"图像。其他参数设置保持系统默认状态,如图 5-104 所示。

图 5-103 衰减参数设置

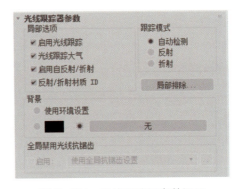

图 5-104 光线跟踪器参数设置

(23) "球"材质到此已编辑完毕,返回材质编辑面板,单击工具栏中的"材质/贴图导航器"按钮,打开"材质/贴图导航器"窗口,观察"球"材质结构,应如图 5-105 所示。双击"球"的材质样本窗口,观察材质效果,如图 5-106 所示。

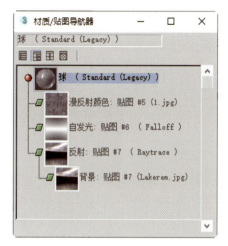

图 5-105 "球"材质结构

图 5-106 "球"材质效果

(24) 在材质样本窗口中选择一个空白材质球,分别赋予场景中的地板和墙体,并将其重命名为"面片"。

(25) "面片"材质的参数设置如图 5-107 和图 5-108 所示。

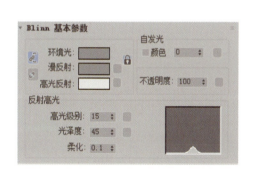

图 5-107 "面片"材质的 Blinn 基本参数设置

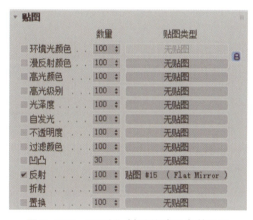

图 5-108 "面片"材质的贴图参数设置

(26) 选中场景中的可乐罐,单击"修改"按钮，进入"修改"命令面板,在"修改器列表"下拉列表中选择"UVW 贴图"命令。在"参数"卷展栏中选择贴图方式为"柱形",并调整长度、宽度和高度的值,如图 5-109 所示。调整的数值应该使贴图方式符合可乐罐的长、宽和高。

(27) 场景中各个模型的材质均已设置完毕,回到场景视图中,单击工具栏中的"渲染设置"按钮，设置渲染图像的尺寸大小为 800 像素 × 600 像素,其余设置保持系统默认状态,然后单击"确定"按钮退出渲染场景编辑。

(28) 激活摄影机视图,进行渲染。单击工具栏中的"渲染产品"按钮，最终渲染效果如图 5-110 所示。

图 5-109 "参数"卷展栏

图 5-110 最终渲染效果

项目总结

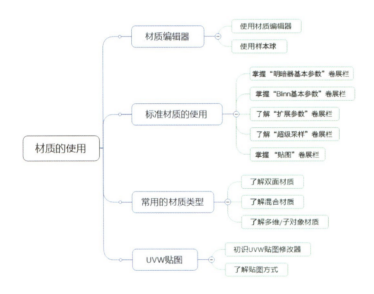

项目实战

实战 设置金属材质

(1)执行"文件"→"打开"菜单命令,打开"源文件/项目五/模型.max"文件,如图 5-111 所示。

(2)单击工具栏中的"材质编辑器"按钮,打开"材质编辑器"窗口。激活一个材质球，选择"金属"明暗方式，展开"金属基本参数"卷展栏，选择"漫反射"颜色为"黄色"，如图 5-112 所示。

图 5-111　打开文件

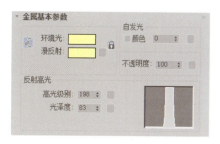

图 5-112　设置金属基本参数

（3）单击"漫反射"右侧的 ■ 按钮，为其指定"位图"贴图类型，并选择"源文件/贴图/006.jpg"图像。展开"坐标"卷展栏，参数设置如图 5-113 所示，赋予材质后的效果如图 5-114 所示。

图 5-113　设置贴图的坐标参数

图 5-114　赋予金属材质的工艺品

（4）再激活一个材质球，设置 Blinn 基本参数，如图 5-115 所示。

（5）展开"贴图"卷展栏，单击"漫反射颜色"通道右侧的"无贴图"按钮，为其指定"位图"贴图类型，并选择"源文件/贴图/wood.jpg"图像。将材质赋予地板，快速渲染摄影机视图，效果如图 5-116 所示。

图 5-115　设置地板的 Blinn 基本参数

图 5-116　地板渲染效果

项目六

环境和效果

思政目标

- 具体问题具体分析,精准制定策略。
- 充分发挥创造力,主动拓宽自己的视野,避免思维局限性。

技能目标

- 掌握环境贴图的运用。
- 了解雾效的使用方法。
- 掌握体积光的使用方法。
- 了解效果的应用。

项目导读

本项目介绍环境和效果设置,主要内容包括环境贴图的运用、雾效的使用、体积光的使用和效果的应用。

任务一 环境贴图的运用

任务引入

小丽设计了一款三维动画模型,可是周围的环境看起来比较单调,她绞尽脑汁终于想到了一条妙计,可以在模型环境中贴上背景图片,使环境看起来比较美观。那么,应该怎样运用环境贴图呢?

知识准备

环境和效果设置都是在"环境和效果"窗口中完成的。在"渲染"菜单中选择"环境"命令,打开"环境和效果"窗口,其中包括"环境"和"效果"两个选项卡,如图6-1所示。

案例——制作环境贴图

(1)执行"文件"→"重置"菜单命令,重新设置3ds Max的界面。

(2)单击"创建"命令面板中的"几何体"按钮,在下面的下拉列表中选择"标准基本体"选项,展开"对象类型"卷展栏,单击"圆柱体"按钮,在透视图中创建一个圆柱体,如图6-2所示。

(3)快速渲染透视图,效果如图6-3所示。

(4)执行"渲染"→"环境"菜单命令,打开"环境和效果"窗口。

(5)找到"背景"区域中的颜色块,在默认情况下,背景颜色为黑色。单击颜色块,在弹出的"颜色"对话框中选择一种颜色,这里选择淡绿色,如图6-4所示。

图6-1 "环境和效果"窗口

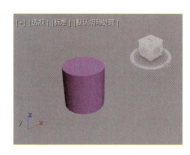 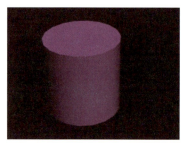 

图 6-2　创建一个圆柱体　　图 6-3　未改变背景颜色时的渲染效果　　图 6-4　设置背景颜色

（6）快速渲染透视图，可以发现图片背景颜色变成了淡绿色，如图 6-5 所示。

（7）单击"环境贴图"下的"无"按钮，在弹出的对话框中选择"位图"选项，然后选择"源文件/贴图/A-010.tif"图片作为背景图片。渲染透视图，可以看到背景变成了刚才所选的图片，效果如图 6-6 所示。

 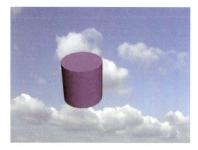

图 6-5　改变背景颜色后的渲染效果　　图 6-6　设置背景图片后的渲染效果

注意

在设置环境贴图时，视图显示不全，需要在材质编辑器中进行设置，将环境贴图中的贴图拖曳到一个空白材质球上，将贴图环境设置为屏幕，如图 6-7 所示。

（8）单击"全局照明"区域中的白色颜色块，在弹出的"颜色"对话框中选择黄色。渲染透视图，观察圆柱体颜色的变化，效果如图 6-8 所示。可以发现，圆柱体的颜色变暗了很多，这是因为环境光变成了黄色。

（9）将"全局照明"区域中的"级别"参数值设置为 3，如图 6-9 所示。再次渲染透视图，观察圆柱体颜色的变化，效果如图 6-10 所示。因为增加了环境光颜色的级别，所以圆柱体的颜色变亮了许多。

项目六　环境和效果

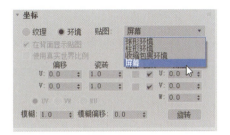

图6-7　设置贴图环境

图6-8　改变环境光颜色后的渲染效果

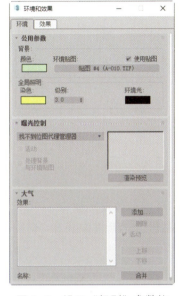

图6-9　设置"级别"参数值

图6-10　增加环境光颜色级别后的渲染效果

任务二　雾效的使用

任务引入

秋天来了，天空中下起了雾，小丽若有所思，在设计三维模型时，能否添加雾效呢？那么，怎样使用雾效呢？

知识准备

雾效在3ds Max中设置起来非常简单，可给场景添加大气扰动效果。雾效的设置是在"大气"卷展栏中完成的。展开"大气"卷展栏，单击其中的"添加"按钮，此时弹出"添加大气效果"对话框，如图6-11所示。在列表框中选择"雾"选项，然后单击"确定"按钮，就完成了雾效的添加。同时，参数面板跳转到"雾参数"面板，如图6-12所示。

145

3ds Max 三维动画制作

图 6-11 "添加大气效果"对话框

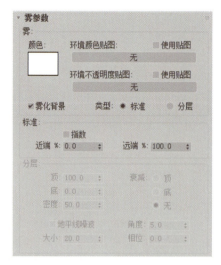

图 6-12 "雾参数"面板

案例——制作雾效果

（1）执行"文件"→"打开"菜单命令，打开"源文件/项目六/制作环境贴图.max"文件，在此场景中制作雾效果。

（2）执行"渲染"→"环境"菜单命令，打开"环境和效果"窗口。

（3）在"大气"卷展栏中单击"添加"按钮，在弹出的对话框中选择"雾"选项，添加雾效。

（4）在"效果"列表框中列出了在当前场景中设置的所有效果项，在其中选择"雾"效果，在"大气"卷展栏下方会出现设置雾的各种参数的卷展栏。

（5）快速渲染透视图，观察效果，如图 6-13 所示。

（6）调节雾的浓度，在"雾参数"卷展栏中，可改变表示雾的远端浓度的参数"远端%"的值，此处设置为 70，并勾选"指数"复选框，如图 6-14 所示。再次渲染透视图，观察雾的浓度变化，如图 6-15 所示。

（7）在"雾参数"卷展栏中单击颜色块，弹出"颜色"对话框，选择淡蓝色，渲染效果如图 6-16 所示。此时雾的颜色变成了淡蓝色。

图 6-13 添加雾效后的效果

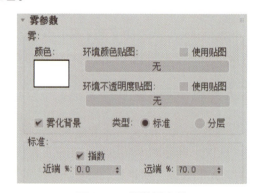

图 6-14 调整雾参数

项目六 环境和效果

图 6-15 调整雾参数后的效果

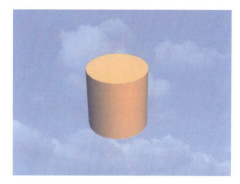

图 6-16 淡蓝色雾效

（8）在模拟夜幕效果时，可以将雾的颜色设置为纯黑色，并调整相关参数，渲染后的效果如图 6-17 所示。

（9）单击工具栏中的"撤销"按钮，取消上一步操作。取消勾选"雾化背景"复选框，如图 6-18 所示。在渲染生成的场景中背景不受雾化作用，但场景中的圆柱体仍被雾效笼罩，如图 6-19 所示。

（10）勾选"雾化背景"复选框，在"雾参数"卷展栏中的"雾"区域中单击"环境不透明度贴图"下的"无"按钮，在弹出的"材质/贴图浏览器"对话框中选择"噪波"选项。快速渲染视图，可以看到场景中的雾气变淡了，如图 6-20 所示。

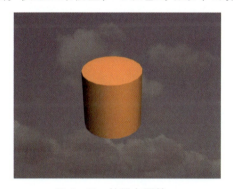

图 6-17 纯黑色雾效

图 6-18 取消勾选"雾化背景"复选框

图 6-19 取消雾化背景后的效果

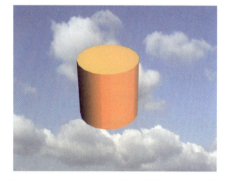

图 6-20 添加环境不透明度贴图后的效果

任务三 体积光的使用

任务引入

某客户在对新房进行装修时,找到室内设计公司,希望能为他绘制一张清晨阳光下的室内效果图。老板让小丽来设计,通过对 3ds Max 的学习,小丽想到了一个办法,即可以使用体积光来进行设计。那么,怎样使用体积光呢?

知识准备

体积光是一种被光控制的大气效果,把它看作一种雾更好。粗略地讲,体积光是一种雾,它被限制在灯光的照明光锥之内。"体积光参数"卷展栏如图 6-21 所示。

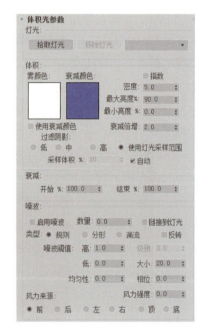

图 6-21 "体积光参数"卷展栏

一、聚光灯的体积效果

聚光灯的体积效果可以用作手电筒、射灯等类似的效果。下面通过一个实例来讲解使用聚光灯的体积效果的方法。

案例——制作闪亮的小球

(1)执行"文件"→"重置"菜单命令,重新设置 3ds Max 的界面。

(2)进入"创建"命令面板,单击"几何体"按钮,在下面的下拉列表中选择"标准基本体"选项,展开"对象类型"卷展栏,分别单击"球体"和"平面"按钮,在场景中创建一个球体和一个平面,然后创建一盏目标聚光灯,如图 6-22 所示。

(3)选中目标聚光灯,进入"修改"命令面板,在"常规参数"卷展栏中勾选"阴影"下的"启用"复选框。快速渲染透视图,效果如图 6-23 所示。

(4)执行"渲染"→"环境"菜单命令,打开"环境和效果"窗口。

项目六　环境和效果

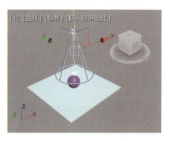
图 6-22　场景中的对象及灯光位置

图 6-23　启用阴影后的渲染效果

（5）在"大气"卷展栏中单击"添加"按钮，在弹出的对话框中选择"体积光"选项，如图 6-24 所示，添加体积光特效。

（6）在"效果"列表框中列出了在当前场景中设置的所有效果项，选择其中的"体积光"选项，在"大气"卷展栏下方会出现设置体积光的各种参数的卷展栏，如图 6-25 所示。

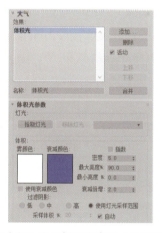

图 6-24　选择"体积光"选项　　图 6-25　在"大气"卷展栏下方出现"体积光参数"卷展栏

（7）在"体积光参数"卷展栏中，单击"拾取灯光"按钮，随后在任意视图中选择目标聚光灯。这时可以看到，目标聚光灯的名称出现在"体积光参数"卷展栏中，如图 6-26 所示。

（8）快速渲染透视图，观察体积光效果，如图 6-27 所示。

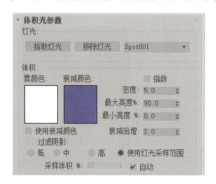

图 6-26　目标聚光灯的名称出现在"体积光参数"卷展栏中　　图 6-27　体积光效果

149

（9）图 6-27 中的体积光是白色的，我们还可以将其设置成任意颜色，这里将体积光的颜色设置为淡绿色。展开"体积光参数"卷展栏，单击"雾颜色"下面的白色颜色块，打开"颜色"对话框，选择淡绿色后关闭对话框，如图 6-28 所示。再次渲染透视图，可以发现体积光的颜色变成了淡绿色，如图 6-29 所示。

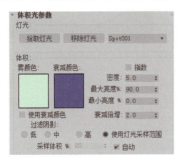

图 6-28　设置体积光的颜色

图 6-29　淡绿色的体积光

（10）在"噪波"区域中设置"数量"参数值为 0.8，选择"湍流"类型，设置其"大小"参数值为 20，并勾选"启用噪波"复选框，如图 6-30 所示。快速渲染透视图，可以看到光柱中好像飘着烟状物，如图 6-31 所示。

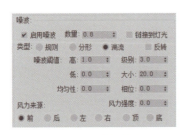

图 6-30　设置噪波参数

图 6-31　启用噪波后的体积光效果

（11）取消勾选"启用噪波"复选框，取消对体积光的"噪波"作用。

（12）选择目标聚光灯，进入"修改"命令面板，在"高级效果"卷展栏中单击"投影贴图"下的"无"按钮，如图 6-32 所示。

（13）打开"材质/贴图浏览器"对话框，从中任意选择一张彩色图片。快速渲染透视图，可以看到体积光柱染上了彩色，如图 6-33 所示。

图 6-32　"高级效果"卷展栏

图 6-33　添加投影贴图后的体积光效果

二、泛光灯的体积效果

泛光灯的体积光最有特色的光效是能够产生美丽的光晕效果。下面通过一个实例来讲解使用泛光灯的体积效果的方法。

案例——制作茶壶效果

（1）执行"文件"→"重置"菜单命令，重新设置 3ds Max 的界面。

（2）进入"创建"命令面板，在场景中创建一个茶壶，然后创建 3 盏泛光灯，其中一盏放在茶壶里面，另外两盏用作照明工具，如图 6-34 所示。

图 6-34　场景中的对象与灯光

（3）执行"渲染"→"环境"菜单命令，打开"环境和效果"窗口。

（4）在"大气"卷展栏中单击"添加"按钮，在弹出的对话框中选择"体积光"选项，添加体积光特效。

（5）在"效果"列表框中选择"体积光"选项，然后单击"拾取灯光"按钮，在任意视图中选择处于茶壶内部的泛光灯。这时可以看到，泛光灯的名称出现在"体积光参数"卷展栏中，如图 6-35 所示。

（6）快速渲染透视图，观察体积光效果，可以发现体积光效果不太明显。通过在"环境和效果"窗口中修改"体积光参数"卷展栏中的参数来优化光效。这里将"衰减"区域中的"结束%"参数值设置为 30（读者可根据具体渲染效果确定），如图 6-36 所示。再次渲染透视图，可以发现茶壶已全部被笼罩在泛光灯的体积光中了，如图 6-37 所示。

（7）展开"体积光参数"卷展栏，单击"雾颜色"下面的白色颜色块，打开"颜色"对话框，选择蓝色后关闭对话框，如图 6-38 所示。再次渲染透视图，可以发现体积光的颜色变成了蓝色，如图 6-39 所示。

（8）如果觉得体积光的强度不够，则可以通过参数来调整。这里修改"体积"区域中的"密度"参数值为 8。渲染透视图，观察体积光效果，如图 6-40 所示。

图 6-35 泛光灯的名称出现在"体积光参数"卷展栏中

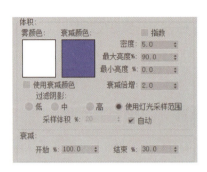

图 6-36 设置衰减参数

图 6-37 泛光灯的体积光效果

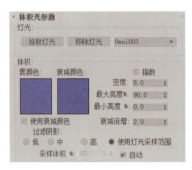

图 6-38 设置泛光灯的体积光的颜色

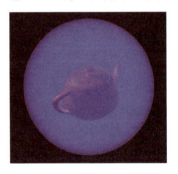

图 6-39 蓝色的体积光效果

图 6-40 增加强度后的体积光效果

（9）在"噪波"区域中，设置"数量"参数值为0.7，选择"湍流"类型，设置其"大小"参数值为20，并勾选"启用噪波"复选框，如图6-41所示。快速渲染透视图，可以看到茶壶被笼罩在蓝色的烟雾中，如图6-42所示。

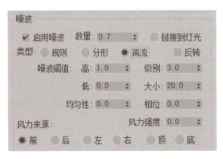

图 6-41 噪波参数设置

图 6-42 启用噪波后的泛光灯的体积光效果

任务四　效果的应用

任务引入

小丽是美术学院的学生,在摄影课上,老师讲了如何对场景进行布光,并要求小丽在课余时间使用 3ds Max 来模拟场景布光,并表现出射灯效果。通过对 3ds Max 的学习,小丽决定采用镜头效果方法来模拟具有足够强度的射灯。那么,怎样创建镜头光晕呢?

知识准备

可以在最终渲染图像或动画之前添加各种效果并进行查看。在"镜头效果参数"卷展栏中列出了所有的镜头效果,如图 6-43 所示,下面介绍各个选项的含义。

- 光晕:用于在指定对象的周围添加光环。例如,对于爆炸粒子系统,给粒子添加光晕,使它们看起来更明亮。
- 光环:环绕源对象中心的环形彩色条带。
- 射线:从源对象中心发出的明亮的射线,为对象提供高亮度效果。使用射线可以模拟摄影机镜头元件的划痕。

图 6-43　"镜头效果参数"卷展栏

- 自动二级光斑:可以正常看到的一些小圆,沿着与摄影机位置相对的轴从镜头光斑源中发出。这些光斑是灯光通过摄影机中不同的镜头元素折射产生的。随着摄影机的位置相对于源对象的更改,自动二级光斑也随之移动。
- 手动二级光斑:单独添加到镜头光斑中的附加二级光斑。这些二级光斑既可以附加,也可以取代自动二级光斑。
- 星形:星形比射线效果强烈,由 0~30 条辐射线组成,而不像射线那样由数百条辐射线组成。
- 条纹:穿过源对象中心的条带。在实际使用摄影机时,当使用失真镜头拍摄场景时会产生条纹。

案例——设置暗室灯光

(1)执行"文件"→"打开"菜单命令,打开"源文件/项目六/6-1.max"场景文件,如图 6-44 所示。

(2)进入灯光创建面板,创建一盏目标聚光灯,模拟太阳从外面照射进来的效果,调整位置如图 6-45 所示。

图6-44 打开场景文件

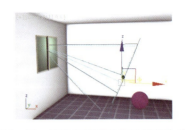
图6-45 创建目标聚光灯并调整位置

(3) 选中目标聚光灯,进入"修改"命令面板,启用阴影。渲染摄影机视图,观察照明效果,如图6-46所示。

(4) 执行"渲染"→"环境"菜单命令,打开"环境和效果"窗口。展开"大气"卷展栏,单击"添加"按钮,在弹出的"添加大气效果"对话框中选择"体积光"选项,为目标聚光灯添加体积光效果,并设置参数,如图6-47所示。

(5) 渲染摄影机视图,观察添加体积光后的场景效果,如图6-48所示。

图6-46 目标聚光灯的照明效果　　图6-47 设置体积光参数　　图6-48 添加体积光后的场景效果

(6) 单击"环境和效果"窗口中的"效果"选项卡,然后单击"添加"按钮,在弹出的对话框中选择"镜头效果"选项,如图6-49所示,单击"确定"按钮退出对话框。

(7) 在"镜头效果参数"卷展栏中,在左侧的效果列表框中选择"射线"选项,如图6-50所示,然后单击 > 按钮,将其添加到右侧的列表框中。单击"拾取灯光"按钮,在摄影机视图中单击球体上方的目标聚光灯,即可将预设效果添加给目标聚光灯。渲染摄影机视图,观察预设效果,可以看到预设效果并不明显,下面进行进一步调整。

项目六 环境和效果

图 6-49 选择"镜头效果"选项

图 6-50 选择"射线"选项

（8）展开"镜头效果全局"卷展栏，设置"大小"参数值为 300，"强度"参数值为 200，如图 6-51 所示。再次渲染摄影机视图，观察效果，如图 6-52 所示。

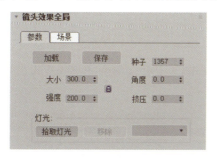

图 6-51 设置镜头效果全局参数

图 6-52 设置镜头效果全局参数后的效果

项目总结

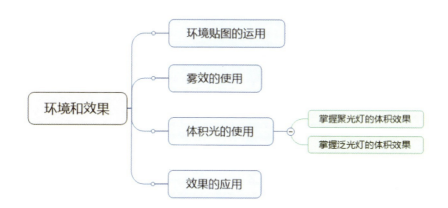

项目实战

实战一　制作燃烧的蜡烛

（1）执行"文件"→"重置"菜单命令，重新设置 3ds Max 的界面。

（2）进入"创建"命令面板，在视图中创建两个圆柱体，其中一个圆柱体作为蜡烛的主体，另一个圆柱体作为灯芯，如图 6-53 所示。

（3）进入"创建"命令面板，单击"辅助对象"按钮，在下面的下拉列表中选择"大气装置"选项，展开"对象类型"卷展栏，单击"球体 Gizmo"按钮，在"球体 Gizmo 参数"卷展栏中勾选"半球"复选框，如图 6-54 所示。在项视图中创建一个半球体虚拟框，并调整其位置，在前视图中的效果如图 6-55 所示。

（4）利用"选择并非均匀缩放"工具，在前视图中沿 Y 轴对半球体虚拟框进行缩放，效果如图 6-56 所示。

图 6-53　创建蜡烛主体与灯芯

图 6-54　勾选"半球"复选框

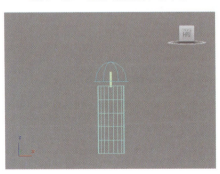

图 6-55　创建半球体虚拟框并调整其位置

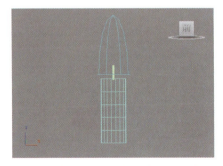

图 6-56　缩放后的半球体虚拟框

（5）执行"渲染"→"环境"菜单命令，打开"环境和效果"窗口。在"大气"卷展栏中单击"添加"按钮，在弹出的对话框中选择"火效果"选项。在"火效果参数"卷展栏中，将"拉伸"参数值设置为 200，将"密度"参数值设置为 200，其余参数采用默认值,如图 6-57 所示。

(6)单击"拾取 Gizmo"按钮,在视图中选取半球体虚拟框,此时半球体虚拟框在渲染后便具有了燃烧效果,如图 6-58 所示。

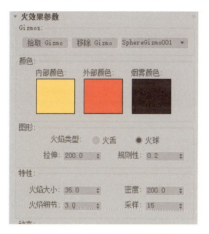

图 6-57 设置火效果参数

图 6-58 具有燃烧效果的半球体虚拟框

(7)给蜡烛主体和灯芯添加贴图,并添加装饰物,如图 6-59 所示。

图 6-59 添加贴图后的蜡烛燃烧效果

实战二 设置射线效果

(1)打开"源文件/项目六/6-2.max"文件,如图 6-60 所示。场景中有几个陨石模型和一盏泛光灯,背景采用环境贴图。快速渲染摄影机视图,观察没有添加任何效果时的场景效果,如图 6-61 所示。

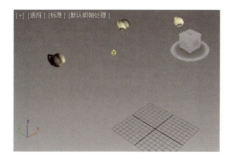

图 6-60 打开文件

图 6-61 默认场景效果

（2）执行"渲染"→"效果"菜单命令，打开"环境和效果"窗口，在"效果"选项卡中单击"添加"按钮，在弹出的对话框中选择"镜头效果"选项，然后单击"确定"按钮，如图 6-62 所示。

（3）在"镜头效果参数"卷展栏中，在左侧的效果列表框中选择"射线"选项，然后单击 > 按钮，将其添加到右侧的列表框中。单击"镜头效果全局"卷展栏中的"拾取灯光"按钮，然后在任意视图中单击泛光灯。渲染摄影机视图，观察默认射线效果，如图 6-63 所示。

图 6-62 "添加效果"对话框

图 6-63 默认射线效果

项目七

动　　画

思政目标

- 尊重客观事实，维护社会主义核心价值观。
- 积极探索、迎难而上，培养坚持不懈的科学精神。

技能目标

- 熟悉关键帧动画，了解 3ds Max 的动画原理。
- 了解使用曲线编辑器编辑动画轨迹的方法。
- 了解使用控制器制作动画的方法。
- 了解空间变形和粒子系统，掌握使用粒子系统创建群体动画的方法。

项目导读

拥有强大的动画制作功能是 3ds Max 在各种三维动画制作软件中脱颖而出的原因之一。用户可以展开想象，构思各种奇妙的动画，一般来讲，在 3ds Max 中都能实现。但是要实现复杂的动画，用户必须付出艰辛的劳动与努力。通过对本项目的学习，读者可以具备进行动画初步设计的能力。

任务一　动画的简单制作

任务引入

公司最近在和客户商谈一项动漫设计,领导让小丽根据客户需求先绘制出简单的动画效果,但是她毫无头绪,不知道怎么开始。通过请教同事小丽才知道,可以在 3ds Max 中运用动画控制面板来进行设计。那么,怎么运用动画控制面板呢?

知识准备

在制作关键帧动画时,经常用到动画控制面板,如图 7-1 所示。

3ds Max 显示的时间在默认情况下为 100 帧,如果要制作更长时间的动画,则需要用到时间配置。下面简单介绍一下时间配置的使用。

单击"时间配置"按钮 ,弹出"时间配置"对话框,如图 7-2 所示。

图 7-1　动画控制面板　　　　　图 7-2　"时间配置"对话框

其中最常用到的就是动画时间的设定。

- 开始时间:表示开始时间或位置。
- 结束时间:表示结束时间或位置。
- 长度:表示动画的时间或帧的长度。

项目七　动画

- 重缩放时间：单击该按钮，在弹出的对话框中可以对"数量"中的 3 个值进行更新设置。
- 关键点步幅：在该选项组中，可以设置各种形式的变换关键帧，用以贯穿整个动画的始终。

案例——制作简单的动画效果

（1）执行"文件"→"重置"菜单命令，重新设置 3ds Max 的界面。

（2）进入"创建"命令面板，单击"几何体"按钮，在下面的下拉列表中选择"标准基本体"选项，展开"对象类型"卷展栏，单击"圆柱体"按钮，在顶视图中创建一个圆柱体，设置高度分段数为 10，如图 7-3 所示。

（3）单击"时间配置"按钮，打开"时间配置"对话框，如图 7-4 所示，将"结束时间"设置为"200"。单击"自动关键点"按钮，开始记录关键帧。

图 7-3　创建动画对象

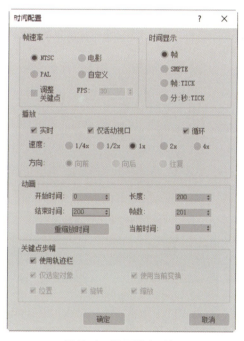

图 7-4　设置结束时间

（4）选中圆柱体，拖动时间滑块到第 20 帧处，进入"修改"命令面板，在"修改器列表"下拉列表中选择"弯曲"修改器，此时圆柱体参数面板跳转至弯曲参数面板。

（5）在"参数"卷展栏中，将"角度"参数值设置为 180，如图 7-5 所示，将圆柱体绕 Z 轴弯曲 180°，如图 7-6 所示。

（6）拖动时间滑块到第 40 帧处，在"修改"命令面板中，将"弯曲"下的"方向"参数值设置为 360，此时圆柱体状态如图 7-7 所示。

（7）拖动时间滑块到第 100 帧处，在"修改"命令面板中，将"弯曲"下的"角度"参数值设置为 0，"方向"参数值设置为 0，圆柱体状态复原。

（8）拖动时间滑块到第 120 帧处，进入"修改"命令面板，在"修改器列表"下拉列表中选择"锥化"修改器，此时圆柱体参数面板跳转至锥化参数面板。

（9）将"锥化"下的"数量"参数值设置为 2，"曲线"参数值设置为 5，如图 7-8 所示，效果如图 7-9 所示。

（10）拖动时间滑块到第 160 帧处，进入"修改"命令面板，将"锥化"下的"数量"参数值设置为 -2，"曲线"参数值设置为 8，此时效果如图 7-10 所示。

图 7-5　设置弯曲角度

图 7-6　第 20 帧处的圆柱体状态

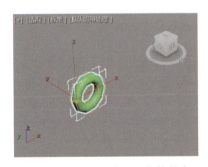

图 7-7　第 40 帧处的圆柱体状态

图 7-8　设置锥化参数

图 7-9　第 120 帧处的变形体形状

图 7-10　第 160 帧处的变形体形状

（11）拖动时间滑块到第 200 帧处，单击工具栏中的"选择并非均匀缩放"按钮 ，将变形体压缩成如图 7-11 所示的形状。

（12）单击"自动关键点"按钮，完成动画的制作。

（13）单击"播放动画"按钮 ，激活透视图，观看圆柱体的变形动画。

项目七 动画

图 7-11 第 200 帧处的变形体形状

任务二 使用曲线编辑器编辑动画轨迹

任务引入

小丽在完成简单的动画设计后,又遇到了新的问题,需要对动画轨迹进行修改。3ds Max 提供了曲线编辑器工具,该工具有什么作用呢?如何对其设计的动画进行编辑?

知识准备

通过上面的例子我们大致了解了制作动画的基本流程,学会了在特定关键帧处改变物体的状态,但是我们对关键帧之外的物体运动轨迹无从知晓。下面就来学习轨迹视图的应用,通过它可以清楚地看到物体的运动轨迹曲线。

(1)执行"文件"→"重置"菜单命令,重新设置 3ds Max 的界面。

(2)进入"创建"命令面板,单击"几何体"按钮,在下面的下拉列表中选择"标准基本体"选项,展开"对象类型"卷展栏,单击"球体"按钮,在透视图中创建一个球体。

(3)激活前视图,单击"自动关键点"按钮进行动画录制。

(4)将时间滑块拖动到第 30 帧处,将球体拖动到任意一个目所能及的位置。

(5)将时间滑块拖动到第 70 帧处,将球体拖动到另一个位置。

(6)将时间滑块拖动到第 100 帧处,将球体拖动到一个新的位置。关于球体的位置,读者可任意调整,这不是我们所要介绍的重点。

(7)单击"自动关键点"按钮结束动画的录制。单击"播放动画"按钮,激活透视图,观看球体的运动动画。

(8)选中球体,进入"显示"命令面板,展开"显示属性"卷展栏,勾选"运动路径"复选框,此时在各视图中出现小球的运动轨迹曲线,如图 7-12 所示。

(9)选中小球,单击主工具栏中的"曲线编辑器"按钮 ,打开"轨迹视图-曲线编辑器"窗口，如图 7-13 所示。

可以看到，"轨迹视图-曲线编辑器"窗口分为 5 个部分，分别是菜单栏、工具栏、项目窗口、编辑窗口、状态及视图控制窗口。

（10）单击左侧项目窗口中的任一球体位置坐标，相应方向上的运动曲线及关键帧（曲线上的小方块）就会显示出来，这里选择"Z 位置"，如图 7-14 所示，在视图中就会显示 Z 方向上的运动曲线，如图 7-15 所示。

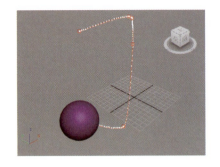

图 7-12　小球的运动轨迹曲线

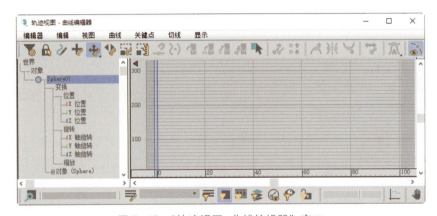

图 7-13　"轨迹视图-曲线编辑器"窗口

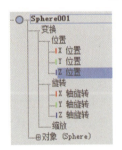

图 7-14　选择"Z 位置"

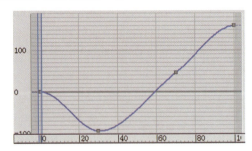

图 7-15　Z 方向上的运动曲线

（11）单击任意一个关键帧，关键帧变成白色，表示其已经被选中。单击工具栏中的"移动关键点"按钮，就可以采用拖动的方式来移动关键帧，如图 7-16 所示。

（12）如果要增加关键帧，则只需单击"添加/移除关键点"按钮，然后在曲线上的适当位置单击即可，如图 7-17 所示。增加关键帧后，就可以利用移动工具来创建需要的运动轨迹曲线了。

（13）如果要删除关键帧，则只需选中要删除的关键帧，然后按 Delete 键即可。

（14）利用轨迹视图-曲线编辑器还可以设置复杂的动画，这里不再详述。读者应多加调试，并结合动画播放工具，实时观察调整效果。

项目七　动画

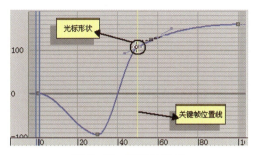
图 7-16　移动关键帧

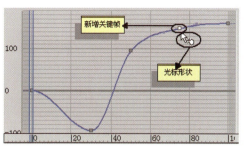
图 7-17　增加关键帧

任务三　使用控制器制作动画

任务引入

小丽要毕业了，老师要求她用控制器制作一个动画效果作为毕业设计。那么，控制器都包括哪些类型呢？每种类型的控制器怎么使用呢？

知识准备

3ds Max 场景中的绝大多数东西都可以设置成动画。3ds Max 提供了很多种使用控制器制作动画的方法，可以设置对象的位置和路径。下面将介绍使用控制器制作动画的常用方法。

一、使用线性位置控制器制作动画

（1）执行"文件"→"重置"菜单命令，重新设置 3ds Max 的界面。

（2）进入"创建"命令面板，单击"几何体"按钮 ●，在下面的下拉列表中选择"标准基本体"选项，展开"对象类型"卷展栏，单击"球体"按钮，在顶视图中创建一个球体。

（3）激活前视图，单击"自动关键点"按钮进行动画录制。将时间滑块拖动到第 30 帧处，拖动物体在 X 轴方向上向右移动 40 个单位，在 Y 轴方向上移动 40 个单位。

（4）将时间滑块拖动到第 70 帧处，将物体沿 X 轴方向向右移动 50 个单位，再向下移动 40 个单位。

（5）将时间滑块拖动到第 100 帧处，将物体沿 X 轴方向向右移动 40 个单位，再向上移动 40 个单位。

（6）进入"运动"命令面板，单击"运动路径"按钮，此时在视图中出现了物体的运动路径，如图 7-18 所示。播放动画，可以看到物体沿路径移动。

（7）打开"轨迹视图-曲线编辑器"窗口，在左侧的项目窗口中选择"位置"选项，在右侧的编辑窗口中可以看到物体的运动曲线，运动曲线为光滑模式，如图 7-19 所示。

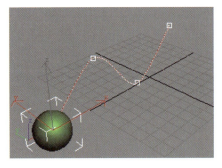

图 7-18　显示物体的运动路径

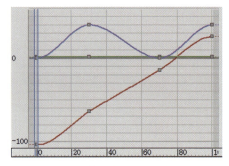

图 7-19　原始轨迹视图

（8）右击"位置"选项，在弹出的快捷菜单中选择"指定控制器"命令，然后在弹出的对话框中选择"线性位置"选项。这时在"轨迹视图-曲线编辑器"窗口的编辑窗口中可以看到，物体的运动曲线变成了折线形式，如图 7-20 所示。

（9）通过依次选中各关键点，再单击工具栏中的 按钮，也可以达到同样的效果。依次选中各关键点，然后在关键点上右击，在弹出的快捷菜单中也可以更改运动曲线的类型。

（10）在透视图中观察动画效果，并显示轨迹曲线。可以发现，物体的运动路径已经不再光滑，如图 7-21 所示。

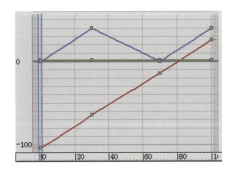

图 7-20　加入线性位置控制器后的轨迹视图

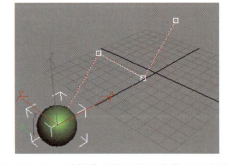

图 7-21　加入线性位置控制器后物体的运动路径

二、使用路径约束控制器制作动画

路径约束控制器很简单且应用广泛。

（1）执行"文件"→"重置"菜单命令，重新设置 3ds Max 的界面。

（2）进入"创建"命令面板，在视图中创建如图 7-22 所示的场景。

（3）选中茶壶，单击主工具栏中的"曲线编辑器"按钮 ，打开"轨迹视图-曲线编辑器"窗口，在左侧的项目窗口中选择"位置"选项。在"位置"选项上右击，在弹出的快捷菜单中选择"指定控制器"命令，然后在弹出的对话框中选择"路径约束"选项。此时层级列表如图 7-23 所示。

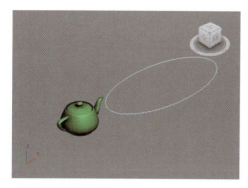
图 7-22 运动对象及路径

图 7-23 添加路径约束控制器后的层级列表

（4）进入"运动"命令面板，单击"参数"按钮，在"路径参数"卷展栏中单击"添加路径"按钮，在视图中单击椭圆形曲线。在透视图中观察茶壶的位置，发现其已经被约束在椭圆形曲线上了，如图 7-24 所示。

（5）单击"播放动画"按钮▶，观看动画，可以看到茶壶沿椭圆形曲线运动的情况。

（6）在参数区中勾选"跟随"复选框，再次播放动画，可以看到茶壶在沿路径运动的同时，自身方向也发生了变化，如图 7-25 所示。

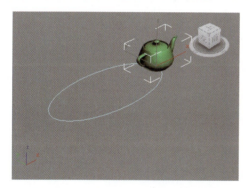
图 7-24 茶壶被约束在椭圆形曲线上

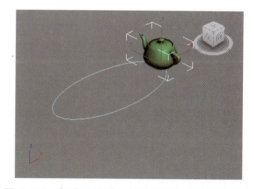
图 7-25 勾选"跟随"复选框后茶壶的运动情况

（7）在参数区中勾选"倾斜"复选框，然后设置"倾斜量"参数值为-1.5。播放动画，可以看到茶壶受到向心力的影响，发生了倾斜，如图 7-26 所示。

图 7-26 勾选"倾斜"复选框后茶壶发生倾斜

三、使用朝向控制器制作动画

（1）执行"文件"→"重置"菜单命令，重新设置 3ds Max 的界面。

（2）进入"创建"命令面板，在视图中创建如图 7-27 所示的场景。其中鸟头由一个圆锥体和两个球体通过"成组"命令组合而成。

（3）选中小球，单击主工具栏中的"曲线编辑器"按钮，打开"轨迹视图-曲线编辑器"窗口，在左侧的层级列表中选择"位置"选项。在"位置"选项上右击，在弹出的快捷菜单中选择"指定控制器"命令，然后在弹出的对话框中选择"路径约束"选项。

（4）进入"运动"命令面板，单击"参数"按钮，在"路径参数"卷展栏中单击"添加路径"按钮，在视图中单击圆形曲线。在透视图中观察小球的位置，发现其已经被约束在圆形曲线上了，如图 7-28 所示。

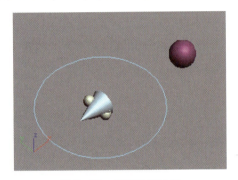
图 7-27　创建动画场景

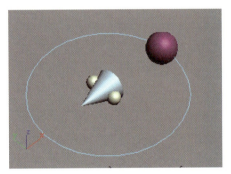
图 7-28　小球被约束在圆形曲线上

（5）选中鸟头，打开"轨迹视图-曲线编辑器"窗口，在左侧的层级列表中选择"旋转"选项。在"旋转"选项上右击，在弹出的快捷菜单中选择"指定控制器"命令，然后在弹出的对话框中选择"方向约束"选项。

（6）进入"运动"命令面板，在"方向约束"卷展栏中单击"添加方向目标"按钮，然后单击视图中的球体。可以发现，在球体和鸟头之间多了一条连接线，如图 7-29 所示。

（7）一般来讲，我们希望鸟嘴指向小球，上面的操作显然不能满足要求，这时可以在"选择朝向轴向"下面勾选"反向"复选框。观察透视图，可以发现我们得到了想要的效果，如图 7-30 所示。

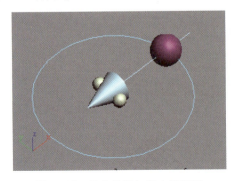
图 7-29　为鸟头添加朝向控制器

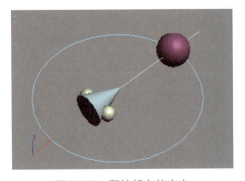
图 7-30　翻转朝向的方向

（8）播放动画，观看鸟头朝向小球运动的动画。

四、使用噪波位置控制器制作动画

（1）执行"文件"→"重置"菜单命令，重新设置 3ds Max 的界面。

（2）进入"创建"命令面板，在视图中创建一个环形结，如图 7-31 所示。

图 7-31 创建的环形结

（3）选中环形结，单击主工具栏中的"曲线编辑器"按钮 ，打开"轨迹视图-曲线编辑器"窗口，在左侧的层级列表中选择"位置"选项。在"位置"选项上右击，在弹出的快捷菜单中选择"指定控制器"命令，然后在弹出的对话框中选择"噪波位置"选项。

（4）在轨迹视图中观察环形结的扰动曲线，如图 7-32 所示。在透视图中观看噪波扰动动画，发现环形结在不规则地跳动。

（5）如果对扰动效果不满意，则可以在弹出的"噪波控制器"对话框中更改相关参数，如图 7-33 所示。

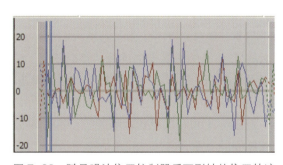

图 7-32 赋予噪波位置控制器后环形结的位置轨迹

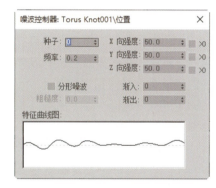

图 7-33 "噪波控制器"对话框 1

（6）在"噪波控制器"对话框中，将"频率"参数值更改为 0.2，可以看到扰动曲线变得比较柔和了，如图 7-34 所示。在透视图中观看动画，发现环形结跳动也缓和了许多。

（7）在"噪波控制器"对话框中取消勾选"分形噪波"复选框，可以看到扰动曲线变得规则了，如图 7-35 所示。在透视图中观看动画，发现环形结跳动也比较有规律了。

（8）还可以设置对象在 X、Y、Z 轴方向上的扰动强度。

（9）若将"粗糙度"参数值设置为 0，则值域约按 10% 的幅度增加；若将"粗糙度"参数值设置为 1，则值域约按 100% 的幅度增加。"渐入"和"渐出"表示阻尼值域起始处和终止处的噪波量。

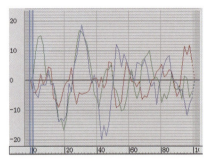
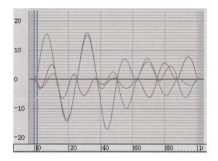

图 7-34 调整频率后的扰动曲线　　　　图 7-35 取消勾选"分形噪波"复选框后的扰动曲线

（10）可自行调试其他参数，从而了解噪波位置控制器的用法。需要说明的是，噪波位置控制器经常和其他控制器结合使用，从而模拟出现实中的真实效果。比如，噪波位置控制器和路径约束控制器结合使用，模拟汽车在路上上下颠簸的效果。初学者应多加尝试。

五、使用位置列表控制器制作动画

（1）执行"文件"→"重置"菜单命令，重新设置 3ds Max 的界面。

（2）进入"创建"命令面板，在视图中创建一个多面体和一条曲线。

（3）选中多面体，单击主工具栏中的"曲线编辑器"按钮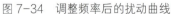，打开"轨迹视图-曲线编辑器"窗口，在左侧的层级列表中选择"位置"选项。在"位置"选项上右击，在弹出的快捷菜单中选择"指定控制器"命令，然后在弹出的对话框中选择"路径约束"选项。

（4）进入"运动"命令面板，单击"参数"按钮，在"路径参数"卷展栏中单击"添加路径"按钮，在视图中单击曲线，为多面体添加曲线路径，如图 7-36 所示。

（5）在左侧的层级列表中选择"位置"选项，此时可以看到运动曲线，如图 7-37 所示。右击，在右键快捷菜单中选择"指定控制器"命令，在弹出的对话框中选择"位置列表"选项。

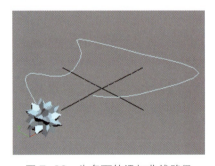
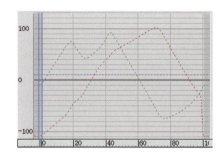

图 7-36 为多面体添加曲线路径　　　　图 7-37 添加路径约束控制器后的运动曲线

（6）当添加位置列表控制器时，3ds Max 会在"位置"轨迹上增加两个子控制器，将初始的"位置"控制器移动到第一个轨迹上，并在它的下面放置一个"可用"轨迹。"可用"轨迹是一个指示器，表明在"曲线位置"轨迹层级上可以增加更多的轨迹，如图 7-38 所示。

（7）选择"可用"选项并右击，在弹出的快捷菜单中选择"指定控制器"命令，然后在弹出的对话框中选择"噪波位置"选项。这时弹出"噪波控制器"对话框，如图7-39所示，在该对话框中可以更改参数值，从而改变"噪波位置"在运动中的振幅，如图7-40所示。

（8）在左侧的层级列表中单击"位置"选项，观察合成后的运动曲线，如图7-41所示。在透视图中观看动画，观察效果。

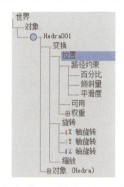

图7-38 添加位置列表控制器后的层级列表

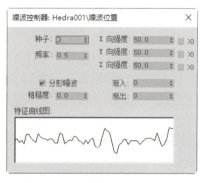

图7-39 "噪波控制器"对话框2

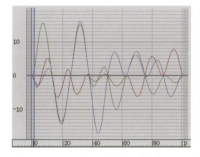

图7-40 噪波控制曲线

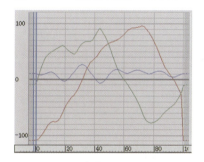

图7-41 合成后的运动曲线

案例——制作篮球入筐动画

（1）打开"源文件/项目七/场景.max"文件，如图7-42所示。

（2）在左视图中创建一条轨迹曲线，作为篮球入筐时的路径，如图7-43所示。

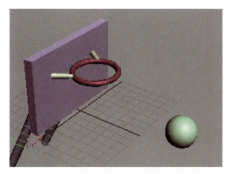

图7-42 篮球及篮球筐

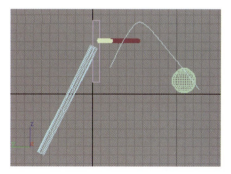

图7-43 绘制篮球入筐曲线

（3）选中篮球，单击主工具栏中的"曲线编辑器"按钮，打开"轨迹视图-曲线编辑器"窗口。在左侧的层级列表中选择"位置"选项并右击，在弹出的快捷菜单中选择"指定控制器"命令，然后在弹出的"指定位置控制器"对话框中选择"路径约束"选项，如图7-44所示。单击"确定"按钮，退出对话框。

（4）进入"运动"命令面板，单击"参数"按钮，在"路径参数"卷展栏中单击"添加路径"按钮，在视图中单击轨迹曲线，如图7-45所示。在透视图中观察篮球的位置，发现其已经被约束在轨迹曲线上了，如图7-46所示。

图 7-44 "指定位置控制器"对话框

图 7-45 选择轨迹曲线

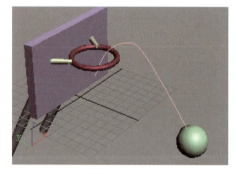

图 7-46 篮球被约束在轨迹曲线上

（5）单击"播放动画"按钮，激活透视图，观看篮球入筐的精彩瞬间。

任务四 空间变形和粒子系统

任务引入

小丽总喜欢在雨季观看窗外的风景，某次在注视雨水溅落地面时，突然想将该场景制作出来。通过对3ds Max的学习，小丽觉得可以运用粒子系统进行设计。那么，怎样运用粒子系统呢？

知识准备

3ds Max 的强大功能之一就是它能模拟现实生活中类似爆炸的冲击效果、海水的涟漪效果等空间变形现象。加上 3ds Max 的粒子系统，使得 3ds Max 在模仿自然现象、物理现象及空间扭曲上更具优势。用户可以利用这些功能来制作烟云、火花、爆炸、暴风雪或喷泉等效果。3ds Max 提供了众多的空间扭曲系统和粒子系统，每种粒子系统都有一些相似的参数，但也存在差异。

一、空间变形

在 3ds Max 中有一类特殊的力场物体，叫作空间扭曲物体，施加了这类力场作用后的场景，可用来模拟自然界中的各种动力效果，使物体的运动规律与现实更加贴近，产生诸如重力、风力、爆发力、干扰力等作用效果。

1. 初识空间变形

（1）执行"文件"→"重置"菜单命令，重新设置 3ds Max 的界面。

（2）单击"创建"命令面板中的"空间扭曲"按钮，在下面的下拉列表中选择"几何/可变形"选项，展开"对象类型"卷展栏，此时可以看到 7 种类型的空间变形，如图 7-47 所示。

（3）单击其中任意一个空间变形按钮，这里单击"波浪"按钮，在顶视图中拉出一个矩形框，在透视图中观察生成的波浪变形体，如图 7-48 所示。

图 7-47 空间变形创建面板

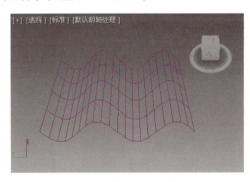
图 7-48 透视图中的波浪变形体

（4）建立空间变形之后，它本身并不会改变任何对象，将对象连接到该空间变形之后，其才会影响对象。因此，还必须创建一个对象实体。在透视图中创建一个长方体，并设置长和宽的分段数均为 10，如图 7-49 所示。

（5）单击主工具栏中的"绑定到空间扭曲"按钮，然后在场景中单击长方体，使其处于激活状态。按住鼠标左键，将其拖动到波浪变形体上。释放鼠标，可以看到波浪变形体瞬间高亮显示，然后恢复原状，这表示长方体已经被连接到波浪变形体上了。

（6）观察透视图，可以看到长方体受到了波浪变形体的影响，如图 7-50 所示。要注意，如果连接波浪变形体以后长方体没有发生变形，则很可能是长和宽的分段数没有设置好。分段数越多，变形越精细。

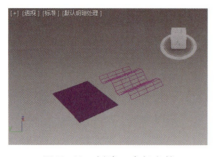

图 7-49　创建一个长方体

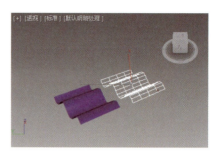

图 7-50　连接波浪变形体后的长方体

（7）建立波浪变形体后，右侧的"参数"卷展栏中会显示相关参数，如图 7-51 所示。

（8）若改变这些参数，则长方体的变形效果也会随之发生变化。比如，修改"波长"参数值为 60，此时在透视图中长方体的形状如图 7-52 所示。

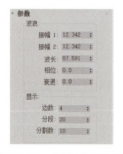

图 7-51　"参数"卷展栏

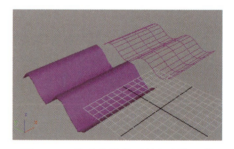

图 7-52　修改参数值后的长方体形状

2. 爆炸变形

爆炸变形可以用来模拟物体爆炸的情形，如图 7-53 所示。

（1）重置系统。

（2）单击"创建"命令面板中的"空间扭曲"按钮，在下面的下拉列表中选择"几何/可变形"选项，展开"对象类型"卷展栏，此时可以看到 7 种类型的空间变形。

（3）单击"爆炸"按钮，然后在透视图中单击，即可创建一个爆炸体，如图 7-54 所示。

（4）单击"创建"命令面板中的"几何体"按钮，在下面的下拉列表中选择"标准基本体"选项，展开"对象类型"卷展栏，单击"球体"按钮，在透视图中创建一个球体作为爆炸的对象，如图 7-55 所示。

图 7-53　物体爆炸效果

图 7-54　创建爆炸体

图 7-55　创建爆炸对象

（5）单击主工具栏中的"绑定到空间扭曲"按钮，然后在场景中单击球体，使其高亮显示。按住鼠标左键，将其拖动到爆炸体上。释放鼠标，可以看到爆炸体瞬间高亮显示，然后恢复原状，表示球体已经被连接到爆炸体上了。

（6）观察透视图，发现球体并没有爆炸，这是因为爆炸是一个过程。拖动时间滑块到第 10 帧处，就可以看到爆炸的初步效果，如图 7-56 所示。

（7）很显然，上面的爆炸效果不是很理想，这与爆炸体的参数设置有关。选中爆炸体，进入"修改"命令面板，展开"爆炸参数"卷展栏，如图 7-57 所示。

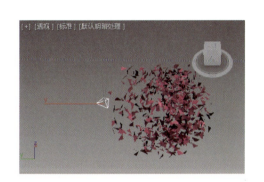

图 7-56　第 10 帧处的爆炸效果

图 7-57　"爆炸参数"卷展栏

（8）修改"最小值"参数值为 2，观察透视图，发现爆炸效果比原来好了许多，如图 7-58 所示。读者还可调试其他参数，这里就不再介绍。

图 7-58　修改参数后的爆炸效果

3. 涟漪变形

（1）重置系统。

（2）单击"创建"命令面板中的"几何体"按钮，在下面的下拉列表中选择"标准基本体"选项，展开"对象类型"卷展栏，单击"长方体"按钮，在透视图中创建一个长方体板状物，并设置长和宽的分段数均为 50，如图 7-59 所示。

（3）单击"创建"命令面板中的"空间扭曲"按钮，在下面的下拉列表中选择"几何/可变形"选项，展开"对象类型"卷展栏，此时可以看到 7 种类型的空间变形。

（4）单击"涟漪"按钮，在顶视图中拉出一个涟漪变形体，并调整位置，如图 7-60 所示。

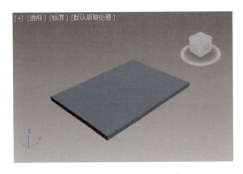
图 7-59 创建变形对象

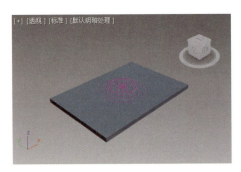
图 7-60 创建涟漪变形体

（5）单击主工具栏中的"绑定到空间扭曲"按钮，然后在场景中单击长方体板状物，使其高亮显示。按住鼠标左键，将其拖动到涟漪变形体上。释放鼠标，可以看到涟漪变形体瞬间高亮显示，然后恢复原状，表示长方体板状物已经被连接到涟漪变形体上了。

（6）观察透视图，可以看到长方体板状物发生了涟漪变形，如图 7-61 所示。

（7）很显然，上面的涟漪效果不是很理想，这与涟漪变形体的参数设置有关。选中涟漪变形体，进入"修改"命令面板，展开"参数"卷展栏，如图 7-62 所示。

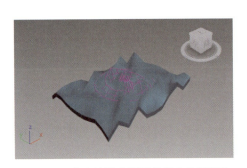
图 7-61 发生涟漪变形后的长方体板状物

图 7-62 涟漪变形体的"参数"卷展栏

（8）修改"波长"参数值，并调整振幅，得到微波效果。

（9）激活前视图，在右上方创建一台目标摄影机，如图 7-63 所示。激活透视图，按 C 键快速切换为摄影机视图，涟漪效果如图 7-64 所示。

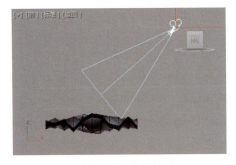
图 7-63 创建目标摄影机

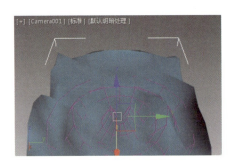
图 7-64 摄影机视图中的涟漪效果

（10）选中长方体板状物，单击主工具栏中的"材制编辑器"按钮，打开"材质编辑器"窗口。选择一个空白样本球，设置海水材质的参数，如图7-65所示。

（11）单击水平工具栏中的"将材质指定给选定对象"按钮，然后单击"视口中显示明暗处理材质"按钮。

图7-65 设置海水材质的参数

（12）展开"贴图"卷展栏，设置"凹凸"贴图，为海水选择一张蓝天白云的反射贴图（源文件中的贴图/OPOCEAN2.JPG）。添加贴图后的海水效果如图7-66所示。

（13）执行"渲染"菜单中的"环境"命令，打开"环境和效果"窗口。

（14）创建一个平面作为挡板，然后为其添加一张蓝天白云图片，用来模拟天空。

（15）快速渲染透视图，观察效果，如图7-67所示。

图7-66 添加贴图后的海水效果

图7-67 添加背景后的海水效果

二、粒子系统

3ds Max的强大功能之一就是能够模拟自然现象。利用3ds Max提供的粒子系统，可以轻松地模拟烟云、火花、暴风雪或喷泉等效果。

粒子系统用于完成各种动画任务，主要在使用程序方法为大量的小型对象设置动画时使用，如创建暴风雪、水流或爆炸效果。3ds Max提供了7种粒子系统，即喷射、雪、暴风雪、粒子阵列、粒子云、超级喷射和粒子流源。

（1）执行"文件"→"重置"菜单命令，重新设置3ds Max的界面。

（2）进入"创建"命令面板，单击"几何体"按钮，在下面的下拉列表中选择"粒子系统"选项，展开"对象类型"卷展栏，此时可以看到7种粒子系统，如图7-68所示。

（3）单击任意一种粒子系统，这里单击"雪"按钮，在顶视图中拉出一个矩形框，作为雪花发生的范围，如图7-69所示。

（4）起始位置称为发射源。在视图中，发射源以非渲染模式表示。与平面垂直的直线段代表粒子喷射的方向。白色矩形框代表粒子喷射的范围。

（5）在透视图中看不到任何雪花，这是因为动画帧处于第0帧。粒子喷射是一个过程，在第 0 帧处喷射还没有发生。拖动时间滑块到第 50 帧处，可以发现透视图中的矩形区域下有了纷飞的雪花，如图 7-70 所示。

（6）观察右侧的参数面板，可以看到其中多了与刚创建的雪花系统相关的一些参数，如图 7-71 所示。

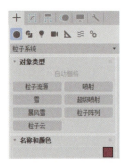

图 7-68　粒子系统创建面板

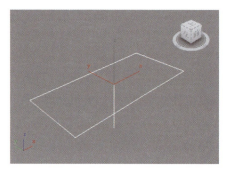

图 7-69　透视图中的雪花系统

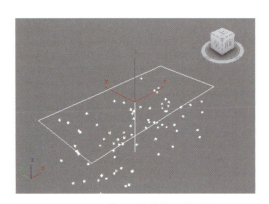

图 7-70　第 50 帧处的雪花系统

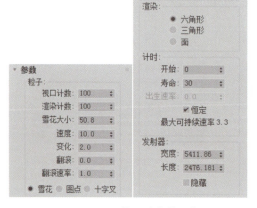

图 7-71　雪花系统参数面板

这些参数比较有代表性，下面简单介绍一下。

- 视口计数：该参数值影响视窗中显示的粒子数。
- 渲染计数：只影响渲染的粒子数，而对视图中粒子的数目没有影响。渲染的粒子越多，动画效果越佳，所以应尽可能地渲染更多的粒子。
- 雪花大小：用来确定粒子的大小。
- 速度：用来确定粒子的下落速度。
- 变化：默认值为 0，即创建一个均匀的粒子流，粒子的速度、方向完全相同。当值大于 0 时，粒子流的速度和方向随机发生变化，即粒子的速度不完全一样，粒子的方向也发生一定的偏移。其规律是变化值越大，粒子的速度差和方向差越大。
- 粒子的外观：粒子的外观有 3 种，分别为雪花、圆点和十字叉。
- 渲染：用来确定渲染时粒子的形状。在喷射中包含两项，即四面体和面；在雪中包含 3 项，即六角形、三角形和面。

- 计时：粒子系统是以帧为度量单位对粒子进行时间控制的。"开始"一项指开始送出粒子的帧数，可以是 1～100 帧之间的任意一帧。"寿命"一项指粒子在场景中存在的时间，数值越大，寿命越长。当值为 100 时，粒子可在整个动画过程中始终存在。
- 发射器：发射器的范围。通过改变发射器的"长度"和"宽度"，可以改变粒子喷出的范围。长度和宽度的值越小，其粒子流越紧凑；反之，越离散。
- 隐藏：用来确定是否隐藏发射器。

案例——制作海底气泡

（1）执行"文件"→"重置"菜单命令，重新设置 3ds Max 的界面。

（2）进入"创建"命令面板，单击"几何体"按钮，在下面的下拉列表中选择"粒子系统"选项。

（3）展开"对象类型"卷展栏，单击"超级喷射"按钮，在顶视图中创建一个超级喷射粒子系统，在透视图中的位置如图 7-72 所示。

（4）选中超级喷射粒子系统，进入"修改"命令面板，展开"加载/保存预设"卷展栏，如图 7-73 所示。

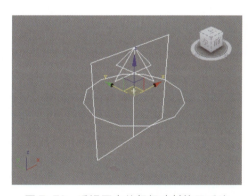

图 7-72　透视图中的超级喷射粒子系统　　图 7-73　"加载/保存预设"卷展栏

（5）选择"Bubbles"选项，单击"加载"按钮，载入预设参数。拖动时间滑块到第 80 帧处，然后快速渲染透视图，查看加载的预设气泡效果，如图 7-74 所示。

（6）展开"粒子生成"卷展栏，参数设置如图 7-75 所示。

（7）选中气泡，单击主工具栏中的"材质编辑器"按钮，打开材质编辑器，选择一个空白样本球，参数设置如图 7-76 所示。

（8）单击水平工具栏中的"将材质指定给选定对象"按钮，然后单击"视口中显示明暗处理材质"按钮。快速渲染透视图，观察赋予材质后的气泡效果，如图 7-77 所示。

图 7-74 加载的预设气泡效果

图 7-75 "粒子生成"卷展栏

图 7-76 设置气泡材质的参数

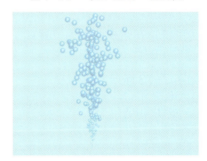

图 7-77 赋予材质后的气泡效果

（9）执行"渲染"→"环境"菜单命令，打开"环境和效果"窗口。

（10）单击"环境贴图"下的"无"按钮，在弹出的对话框中选择"位图"选项，然后选择一张海底图片（源文件/贴图/haidi.jpg）作为背景贴图。

（11）快速渲染透视图，观察效果，如图 7-78 所示。

图 7-78 海底气泡效果图

项目七 动画

项目总结

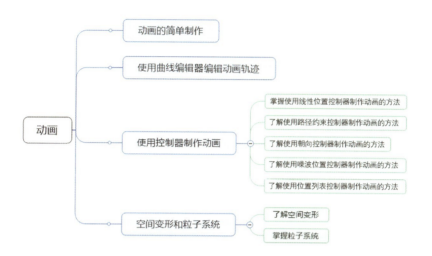

项目实战

实战一 制作弹跳的小球

（1）执行"文件"→"重置"菜单命令，重新设置 3ds Max 的界面。

（2）激活顶视图，创建一个长方体，作为小球运动的轨道，然后在轨道的左上方创建一个球体，如图 7-79 所示。

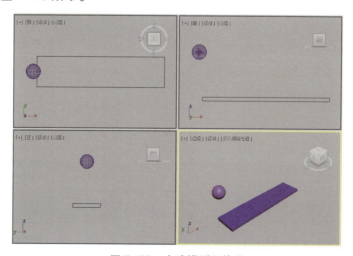

图 7-79 小球模型及轨道

181

（3）单击"自动关键点"按钮，选中小球，将时间滑块拖动到第 10 帧处，调整位置，如图 7-80 所示。

（4）将时间滑块拖动到第 12 帧处，压缩小球并调整位置，如图 7-81 所示。

（5）将时间滑块拖动到第 30 帧处，移动小球并使其恢复到原始状态，如图 7-82 所示。

（6）将时间滑块拖动到第 50 帧处，调整小球的位置，如图 7-83 所示。

图 7-80　在第 10 帧处调整小球的位置

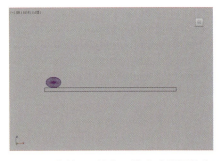

图 7-81　在第 12 帧处压缩小球并调整位置

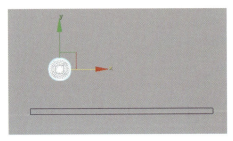

图 7-82　在第 30 帧处移动小球并使压扁的小球复原

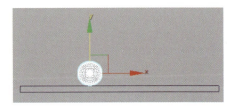

图 7-83　在第 50 帧处调整小球的位置

（7）将时间滑块拖动到第 52 帧处，压缩小球，如图 7-84 所示。

（8）同理，继续压缩小球并调整位置，如图 7-85～图 7-87 所示。

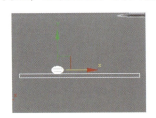

图 7-84　在第 52 帧处压缩小球

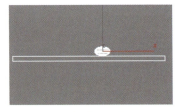

图 7-85　压缩小球后将其移动至与板面相接

图 7-86　弹起后的小球

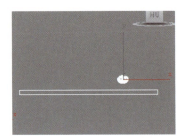

图 7-87　落地后的小球

（9）将时间滑块拖动到第 100 帧处，使用移动工具将小球移至轨道末端，并在"选择并旋转"按钮 上右击，此时弹出"旋转变换输入"对话框，如图 7-88 所示。在"X"数值框中输入"90"，然后按回车键，结果如图 7-89 所示。

图 7-88　"旋转变换输入"对话框

图 7-89　最后一帧的小球位置

（10）单击"自动关键点"按钮 自动关键点，结束动画的录制。单击"播放动画"按钮 ，在透视图中观看我们制作的动画，如图 7-90 所示。

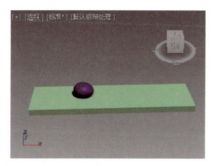

图 7-90　在透视图中观看小球弹跳动画

实战二　模拟星球运动

（1）打开"源文件/项目七/星球.max"场景文件，如图 7-91 所示。

（2）选中月球模型，单击"运动"按钮 ，进入"运动"命令面板，展开"指定控制器"卷展栏，单击"位置"层次，使其变为蓝色。单击"指定控制器"按钮 ，打开"指定位置控制器"对话框，从中选择"路径约束"控制器，如图 7-92 所示。

图 7-91　打开场景文件

图 7-92　选择"路径约束"控制器

（3）展开"路径参数"卷展栏，单击"添加路径"按钮，在任意视图中单击圆形曲线，即可将月球约束到圆形曲线上，如图7-93所示。

图7-93 将月球约束到圆形曲线上

（4）选中地球模型，展开"指定控制器"卷展栏，单击"旋转"层次，使其变为蓝色。单击"指定控制器"按钮，打开"指定旋转控制器"对话框，从中选择"＞Euler XYZ"控制器，如图7-94所示。

（5）激活透视图，单击"自动关键点"按钮，将时间滑块拖动到第0帧处，展开"PRS参数"卷展栏，单击"创建关键点"下面的"旋转"按钮，如图7-95所示。参数设置如图7-96所示。

（6）将时间滑块拖动到第100帧处，在"PRS参数"卷展栏中单击"创建关键点"下面的"旋转"按钮。

图7-94 选择"＞Euler XYZ"控制器　　图7-95 "PRS参数"卷展栏　　图7-96 设置第0帧的旋转参数

（7）单击"自动关键点"按钮，结束动画的录制。单击"播放动画"按钮▶，观察动画，发现在月球绕地球旋转的同时，地球也在自转。图 7-97 列出了部分帧的参考效果。

图 7-97　部分帧的参考效果

项目八

渲染和输出

思政目标

- 培养预见性和前瞻性,注重思考。
- 培养解决问题的能力,明白团队的重要性,主动与其他成员进行有效协作。

技能目标

- 掌握渲染工具的使用。
- 掌握渲染类型。
- 了解后期合成工具的使用方法。

项目导读

创建三维模型并为其赋予材质后,最终目的是渲染成效果图,或者输出一个动画视频文件,这样才能把我们设计的动作、材质和灯光效果完美地表现出来。渲染在建模过程中会经常用到。后期合成是在制作好动画之后,为其添加片头、片尾、各种特效等合适的要素,使作品更加完美,从而符合人们的视觉要求。本项目就来介绍渲染工具的使用及后期合成工具的使用。

任务一　渲染

任务引入

小丽学习 3ds Max 已进入渲染学习阶段，特别是在制作效果图以后，需要进行渲染输出。那么，怎样进行渲染呢？渲染类型有哪些？

知识准备

渲染一个静止图像或动画，从而可以使用所设置的灯光、所应用的材质及环境设置为场景中的几何体着色。

一、渲染概述

1. 公用渲染参数

单击工具栏中的 按钮，打开"渲染设置：扫描线渲染器"窗口，如图 8-1 所示。下面介绍最常用的"公用参数"卷展栏中的参数。

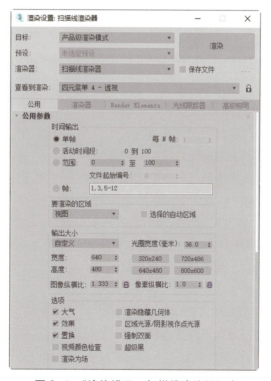

图 8-1　"渲染设置：扫描线渲染器"窗口

1)"时间输出"参数区
- 单帧:仅渲染当前帧。
- 活动时间段:渲染时间滑块的当前帧范围,默认为0~100帧。
- 范围:渲染指定两个数值之间(包括这两个值)的所有帧。
- 帧:可以指定非连续帧,帧与帧之间用逗号隔开(如2,8)或连续的帧范围,用连字符相连。
- 文件起始编号:指定起始文件编号,从这个编号开始递增文件名,只用于活动时间段和范围输出。
- 每N帧:帧的规则采样。例如,输入"6",则每隔6帧渲染一次。它只用于活动时间段和范围输出。

2)"输出大小"参数区
- 自定义:单击"自定义"下拉按钮,将显示如图8-2所示的下拉列表,从中可以选择对应的电影和视频分辨率及纵横比。

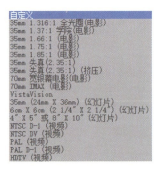

图8-2 预设大小列表

- 宽度/高度:以像素为单位指定图像的宽度和高度,从而设置输出图像的分辨率。
- 预设分辨率按钮(320×240、640×480 等):单击其中一个按钮,可以选择相应的预设分辨率。可以自定义这些按钮,方法是右击按钮以显示配置预设对话框,利用该对话框可以更改按钮指定的分辨率。
- 图像纵横比:设置图像的纵横比。更改此值将改变高度值,以保持活动的分辨率正确。可以使用🔒按钮锁定图像纵横比。启用此按钮后,"图像纵横比"微调器替换为一个标签,"宽度"和"高度"微调器互相锁定,调整其中一个值,另一个值也将跟着改变,以保持指定的纵横比。另外,锁定图像纵横比后,改变像素纵横比的值将改变高度值,以保持图像纵横比不变。
- 像素纵横比:设置显示在其他设备上的像素纵横比。图像可能会在显示上出现挤压效果。可以使用🔒按钮锁定像素纵横比。启用此按钮后,"像素纵横比"微调器替换为一个标签,并且不能更改该值。

3)"选项"参数区(见图8-3)
- 大气:启用此选项后,渲染应用的大气效果,如体积雾。

- 渲染隐藏几何体：渲染场景中隐藏的对象。
- 效果：启用此选项后，渲染任何应用的渲染效果，如模糊。
- 区域光源/阴影视作点光源：将所有的区域光源或阴影当作从点对象发出的光源进行渲染，这样可以加快渲染速度。
- 置换：渲染任何应用的置换贴图。
- 强制双面：如果需要渲染对象的内部及外部，则需要启用此选项。
- 视频颜色检查：检查超出 NTSC 或 PAL 安全阈值的像素颜色，标记这些像素颜色并将其改为可接受的值。

4)"渲染输出"参数区（见图 8-4）

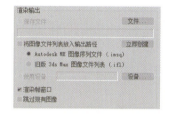

图 8-3 "选项"参数区　　　　图 8-4 "渲染输出"参数区

文件：单击该按钮，打开"渲染输出文件"对话框，指定输出文件名、格式及路径。

2．指定渲染器

在 3ds Max 中默认为扫描线渲染器，其优点是渲染速度快。下面介绍如何指定渲染器。

启动 3ds Max 后，单击工具栏中的 按钮，打开"渲染设置：扫描线渲染器"窗口，展开"指定渲染器"卷展栏，如图 8-5 所示。

单击"产品级"后面的小方块按钮，打开"选择渲染器"对话框，如图 8-6 所示，从中选择"ART 渲染器"，然后单击"确定"按钮。

指定 ART 渲染器后，在"指定渲染器"卷展栏中会显示当前渲染器。如果要将其设置为默认渲染器，则可单击"保存为默认设置"按钮。

图 8-5 "指定渲染器"卷展栏　　　　图 8-6 "选择渲染器"对话框

二、渲染类型

使用渲染类型下拉列表可以指定将要渲染的场景的一部分。下面介绍渲染类型的 5

个选项：视图、选定、区域、裁剪及放大。

（1）重置系统。任意打开一个场景文件，如图8-7所示。

（2）在渲染类型下拉列表中选择相应的渲染类型，单击"渲染帧窗口"按钮，打开"透视"窗口，如图8-8所示。

图8-7　打开场景文件

图8-8　"透视"窗口1

（3）在"要渲染的区域"下拉列表中选择"裁剪"选项，在透视图中出现裁剪框，用来确定要渲染的区域。移动裁剪框边缘的方块，可以调整区域的大小，如图8-9所示。

（4）调整要渲染的区域后，在透视图中按Enter键，即可渲染选定区域，效果如图8-10所示。

（5）单击渲染帧窗口中的清除按钮，以便下一次设置不同渲染类型时观察效果。

图8-9　在透视图中出现裁剪框

图8-10　渲染效果

提示

如果不清除渲染帧窗口，则当下次采用其他渲染类型渲染图像时，渲染帧窗口中的图像将以上次渲染的图像作为背景，从而不易观察效果。

上面介绍了渲染类型的使用方法，下面继续介绍几种渲染类型的使用效果。

- 视图：默认的渲染类型，选择该选项后渲染激活视图。

- 选定：仅渲染当前选定的对象，使渲染帧窗口中的其他部分保持完好。
- 区域：渲染活动视口内的矩形区域。使用该选项会使渲染帧窗口中的其余部分保持完好，除非渲染动画，在此种情况下会首先清除窗口。当需要测试渲染场景的一部分时，可使用"区域"选项。
- 裁剪：使用此选项，可以通过使用为"区域"选项显示的同一个区域框指定输出图像的大小。
- 放大：渲染活动视图内的区域并将其放大以填充输出显示。

任务二　后期合成

任务引入

某电影公司需要为电影进行背景合成，要求在背景中加入星空和明月效果。小丽在进行制作时，运用视频后期处理来进行合成。那么，怎样运用视频后期处理呢？

知识准备

"视频后期处理"提供了对场景进行基本的后期制作的工具。有了它，就可以通过使用变换、合成和效果对最终的视频显示进行组织和编排。虽然它不能像专门的后期处理程序那样提供各种各样的工具和功能，但它也是一个很有用的工具。

一、视频后期处理工具栏

单击菜单栏中的"渲染"菜单，选择"视频后期处理"命令，打开"视频后期处理"窗口，如图 8-11 所示。在 3ds Max 中进行的后期制作都是在该窗口中完成的，下面先介绍一下视频后期处理工具栏。

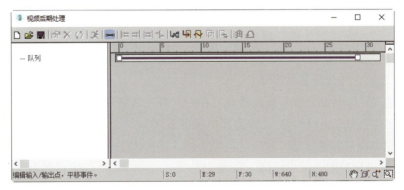

图 8-11　"视频后期处理"窗口

- ![]：通过清除队列中的现有事件，可创建新的视频后期处理序列。
- ![]：打开存储在磁盘上的视频后期处理序列。
- ![]：保存当前序列。
- ![]：打开编辑当前事件对话框，用于编辑事件。
- ![]：从序列中删除当前事件。
- ![]：改变队列中选定的两个事件的位置。
- ![]：运行当前序列。
- ![]：允许编辑的事件范围。
- ![]：对齐选定事件的左范围。
- ![]：对齐选定事件的右范围。
- ![]：使选定的事件具有相同的范围。
- ![]：使事件范围以端对端的方式对齐。
- ![]：在队列中添加一个渲染后的场景。
- ![]：在队列中添加一张图片。
- ![]：在队列中添加一个图片过滤器。
- ![]：在队列中添加一个图层事件。
- ![]：将最终合成的图像发送到文件或设备中。
- ![]：在队列中添加一个外部图像处理事件。
- ![]：添加循环事件。

二、渲染静态图片

（1）执行"文件"→"打开"菜单命令，选择一个以前制作好的场景文件。这里选择苹果文件（源文件/项目八/苹果.max）。为了方便控制，我们添加一台摄影机。调整好的摄影机视图如图 8-12 所示。

（2）执行"渲染"→"视频后期处理"菜单命令，打开"视频后期处理"窗口，此时窗口左边的导航栏中只有"队列"选项，如图 8-13 所示。

（3）单击"视频后期处理"窗口工具栏中的"添加图像输入事件"按钮![]，添加一个图像输入事件，在弹出的对话框中选择一张如图 8-14 所示的图片（源文件/贴图/MEADOW1.jpg），作为场景的背景。

（4）单击"视频后期处理"窗口工具栏中的"添加场景事件"按钮，打开添加场景事件对话框，从中选择 Camera01，作为当前场景载入。

（5）单击"视频后期处理"窗口工具栏中的"添加图像输入事件"按钮，添加一个图像输入事件，在弹出的对话框中选择一张如图 8-15 所示的图片（源文件/贴图/nangua.jpg），作为场景的前景。此时，"视频后期处理"窗口中左侧的层级列表如图 8-16 所示。

（6）按住 Ctrl 键，单击"视频后期处理"窗口左侧层级列表中的 MEADOW01.JPG 和 Camera01 层级。单击"添加图层事件"按钮，此时弹出对话框。

（7）在"层插件"下拉列表中选择"Alpha 合成器"选项，单击"确定"按钮完成图层的添加。添加图层后的层级列表如图 8-17 所示。

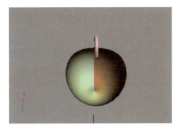

图 8-12　调整好的摄影机视图

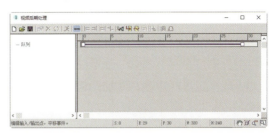

图 8-13　导航栏中只有"队列"选项

图 8-14　背景图片

图 8-15　前景图片

图 8-16　层级列表

图 8-17　添加图层后的层级列表

（8）在"视频后期处理"窗口左侧的层级列表中双击 nangua.jpg 层级，打开"编辑输入图像事件"对话框，如图 8-18 所示。

（9）单击"选项"按钮，弹出"图像输入选项"对话框，如图 8-19 所示，选中"自定义大小"单选按钮，并适当调整图片大小。

（10）激活摄影机视图，适当调整苹果在摄影机视图中的位置。

（11）单击工具栏中的"执行序列"按钮，在弹出的对话框中设置输出图像的尺寸，然后单击"渲染"按钮，图像合成效果如图 8-20 所示。

图 8-18　"编辑输入图像事件"对话框

图 8-19　"图像输入选项"对话框

图 8-20　图像合成效果

案例——动态视频合成

（1）执行"文件"→"打开"菜单命令，选择"源文件/项目八/朝向动画.max"动画文件，调整摄影机视图，如图8-21所示。

（2）执行"渲染"→"视频后期处理"菜单命令，打开"视频后期处理"窗口，此时窗口左边的导航栏中只有"队列"选项，如图8-22所示。

（3）单击工具栏中的"添加图像输入事件"按钮，添加一张片头图片。该图片可以在3ds Max中制作，也可以使用其他绘图软件制作。这里是在3ds Max中完成的，读者可直接使用源文件中的贴图/start.bmp文件，如图8-23所示。

图8-21 引入动画文件

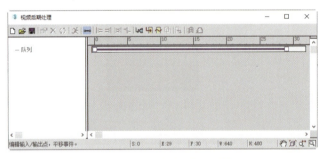

图8-22 打开"视频后期处理"窗口

图8-23 片头图片

（4）单击工具栏中的"添加场景事件"按钮，打开添加场景事件对话框，从中选择Cameral001，作为当前场景载入。

（5）单击工具栏中的"添加图像输入事件"按钮，添加一张片尾图片，此处使用源文件中的贴图/end.bmp文件，如图8-24所示。

（6）单击工具栏中的"添加图像输出事件"按钮，添加图像输出事件，在弹出的对话框（见图8-25）中单击 文件... 按钮，选择输出图像的保存位置、文件名和文件格式，然后单击"确定"按钮。

（7）添加事件后的"视频后期处理"窗口如图8-26所示。

（8）单击左侧的层级列表中的start.bmp层级，使其处于蓝色选中状态，此时右侧的范围条呈现红色。

（9）单击工具栏中的"添加图像过滤事件"按钮，添加图像过滤事件，此时弹出"添加图像过滤事件"对话框，在下拉列表中选择"简单擦除"选项，如图8-27所示。

（10）单击"设置"按钮，弹出"简单擦除控制"对话框，如图8-28所示，选中"推入"模式，然后单击"确定"按钮。

图 8-24　片尾图片

图 8-25　"添加图像输出事件"对话框

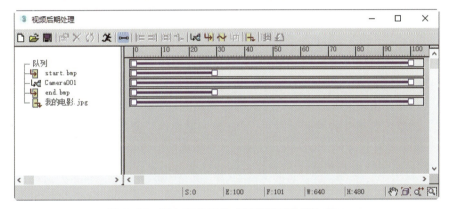

图 8-26　添加事件后的"视频后期处理"窗口

图 8-27　"添加图像过滤事件"对话框

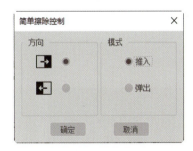

图 8-28　"简单擦除控制"对话框

（11）使用同样的方法，为片尾图片添加简单擦除效果。

（12）添加淡入淡出效果后的"视频后期处理"窗口如图 8-29 所示。

（13）添加好事件后，剩下的事情就是调整各事件的时间范围了。选中 start.bmp 层级的范围条，单击其右端点，用鼠标拖动到第 30 帧的位置。

提示

调整时应结合下面的状态栏,这样会精确地知道拖动到了哪一帧。

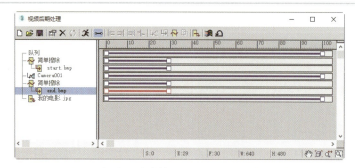

图 8-29 添加淡入淡出效果后的"视频后期处理"窗口

(14)选中 Cameral001 层级的范围条,单击其左端点,用鼠标拖动到第 30 帧的位置;然后单击其右端点,用鼠标拖动到第 130 帧的位置。

(15)使用同样的方法,将 end.bmp 层级的范围条的左端点拖动到第 130 帧,右端点拖动到第 160 帧。

(16)将我的电影.jpg 层级的范围条的右端点拖动到第 160 帧。

(17)调整好各事件的时间范围后,"视频后期处理"窗口如图 8-30 所示。

(18)单击工具栏中的"执行序列"按钮,在弹出的对话框中设置渲染的帧数为第 0~160 帧,然后单击"渲染"按钮。渲染中的部分帧效果如图 8-31 所示。

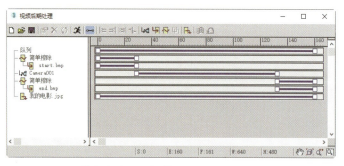

图 8-30 调整好各事件时间范围后的"视频后期处理"窗口

图 8-31 渲染中的部分帧效果

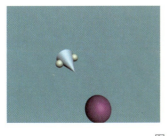

图 8-31　渲染中的部分帧效果（续）

项目总结

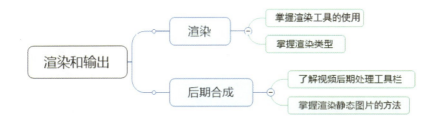

项目实战

实战　渲染场景

（1）打开"源文件/项目八/多功能娱乐设施.max"文件，如图 8-32 所示。

（2）在渲染类型下拉列表中选择相应的渲染类型，单击"渲染帧窗口"按钮，打开"透视"窗口，如图 8-33 所示。

（3）在"要渲染的区域"下拉列表中选择"裁剪"选项，在透视图中出现裁剪框，用来确定要渲染的区域。移动裁剪框边缘的方块，可以调整区域的大小，如图 8-34 所示。

（4）调整要渲染的区域后，在透视图中按 Enter 键，即可渲染选定区域，效果如图 8-35 所示。

（5）单击渲染帧窗口中的清除按钮，以便下一次设置不同渲染类型时观察效果。

3ds Max 三维动画制作

图 8-32 打开文件

图 8-33 "透视"窗口 2

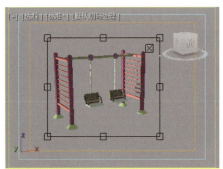

图 8-34 确定要渲染的区域

图 8-35 选定区域渲染效果

项目练习

餐厅效果图制作

本项目以餐厅为题材，在风格上提倡简约主义。餐厅摒弃烦冗、富丽堂皇的感觉，采用简洁明快的处理手法，色彩明亮温暖，给人以家的温馨，充满生活气息。建模、赋予材质、创建灯光、渲染是具体的制作方法，也是基本的制作流程，具体步骤将在实操中进行详细说明。

一、创建餐厅模型

1. 餐厅墙面的创建

（1）进入"创建"命令面板，在顶视图中创建一个长方体，作为墙的立面，如图9-1所示。

（2）在"参数"卷展栏中设置基本参数，如图9-2所示。

（3）选中刚创建的墙面，执行"工具"→"镜像"菜单命令，然后在弹出的"镜像：世界 坐标"对话框中设置镜像轴为X轴，将"偏移"参数值设置为20000，将"克隆当前选择"模式设置为"复制"，如图9-3（a）所示。单击"确定"按钮，完成墙面的复制。

（4）利用同样的方法，在前视图中创建地面，然后执行"工具"→"镜像"菜单命令，在弹出的对话框中设置镜像轴为Y轴，将"偏移"参数值设置为6000.98，将"克隆当前选择"模式设置为"复制"，如图9-3（b）所示。

（5）墙面的创建基本完成，如图9-4所示。

（6）在左视图中创建摄影机，如图9-5所示。

2. 窗户的创建

（1）进入"创建"命令面板，在顶视图中创建一个长方体，如图9-6所示。

（2）在工具栏中单击"选择并旋转"按钮 ⟳ ，对新创建的长方体进行旋转，如图9-7所示。

(a)　　　　　　　(b)

图 9-1　创建作为墙的立面的长方体　　图 9-2　设置基本参数　　图 9-3　设置镜像复制参数

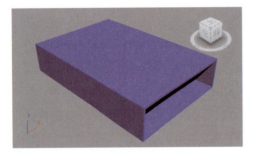 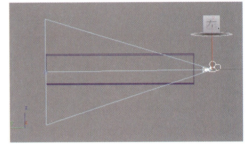

图 9-4　墙面效果　　　　　　　　　　图 9-5　创建摄影机

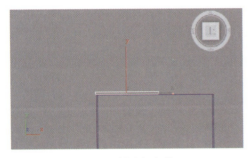 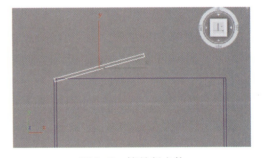

图 9-6　创建长方体 1　　　　　　　　图 9-7　旋转长方体

（3）选中新创建的长方体，在工具栏中单击"选择并移动"按钮 ✥，然后在按住 Shift 键的同时拖动长方体，弹出"克隆选项"对话框，参数设置如图 9-8 所示。

（4）完成复制后，单击"选择并旋转"按钮 ↻，对复制得到的长方体进行旋转，如图 9-9 所示。

（5）利用"长方体"命令再创建一个长方体，参数设置如图 9-10 所示，最终位置如图 9-11 所示。

图 9-8　设置复制长方体的参数

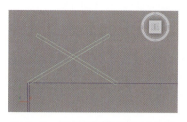  

图 9-9　旋转复制得到的长方体　　图 9-10　设置长方体的参数 1　　图 9-11　长方体最终位置

（6）再创建两个长方体，参数设置分别如图 9-12 和图 9-13 所示。

图 9-12　设置长方体的参数 2　　　　图 9-13　设置长方体的参数 3

（7）选中新创建的长方体，在工具栏中单击"选择并移动"按钮✥，然后在按住 Shift 键的同时拖动物体，复制得到一个新的长方体，调整位置，如图 9-14 所示。

（8）选中 3 个长方体，对其进行复制并调整位置，如图 9-15 所示。

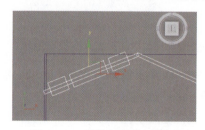 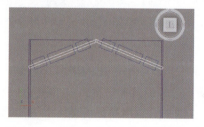

图 9-14　调整长方体的位置　　　　图 9-15　复制 3 个长方体并调整位置

（9）在窗户上挖几个洞，首先选择作为窗户的长方体，如图 9-16 所示。

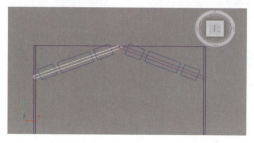

图 9-16　选择作为窗户的长方体

（10）单击"添加运算对象"按钮，移动鼠标光标到选择的长方体上，当鼠标光标发生变化时，单击旁边的小长方体，如图 9-17 所示。使用同样的方法处理另一个窗户，如图 9-18 所示。

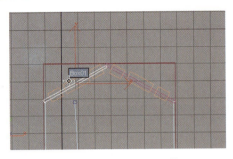
图9-17 单击小长方体

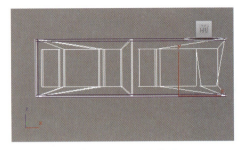
图9-18 窗户处理效果

（11）现在为窗户添加一些装饰，进入"创建"命令面板，在顶视图中创建一个切角长方体，并对其进行调整，位置如图9-19所示，参数设置如图9-20所示。

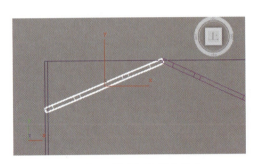
图9-19 创建切角长方体1

图9-20 设置切角长方体的参数1

（12）选中刚创建的切角长方体，进行镜像复制，设置镜像轴为 Y 轴，将"克隆当前选择"模式设置为"复制"，得到一个新的切角长方体，如图9-21所示。

（13）为窗户创建玻璃，进入"创建"命令面板，在顶视图中创建一个长方体，作为窗户的玻璃，并进行调整，如图9-22所示。

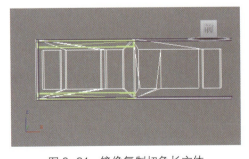
图9-21 镜像复制切角长方体

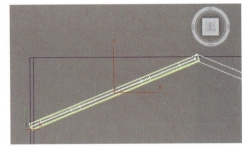
图9-22 创建作为玻璃的长方体

（14）在右侧的"参数"卷展栏中，设置长方体的基本参数，如图9-23所示。

（15）选中新创建的长方体，在工具栏中单击"选择并移动"按钮✥，然后在按住 Shift 键的同时拖动物体，完成长方体的复制，并对其进行旋转调整，最终位置如图9-24所示。

（16）执行"渲染"→"环境"菜单命令，打开"环境和效果"窗口，单击"环境贴图"下面的"无"按钮,从源文件/项目练习中选择一张风景图片并打开,如图9-25所示。

图9-23 设置长方体的基本参数　　图9-24 对新创建的长方体进行移动复制　　图9-25 在窗户外面添加一张风景图片

（17）执行"创建"→"灯光"→"标准灯光"→"泛光"命令,在左视图中创建两盏泛光灯并调整位置,如图9-26所示。

3. 调整地面

（1）为了让餐厅内部更富有层次感,需要对刚才创建的地面进行调整。选择作为地面的长方体,执行"修改器"→"网格编辑"→"编辑网格"命令,在命令面板中选择"顶点"选项,如图9-27所示。

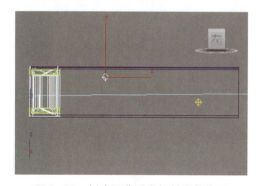
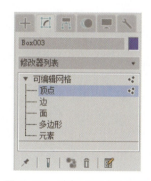

图9-26 创建两盏泛光灯并调整位置　　图9-27 选择"顶点"选项

（2）在工具栏中单击"选择并移动"按钮 ✥ ,将地面上的两个点进行框选,然后对其进行调整,如图9-28所示。

（3）进入"创建"命令面板,在顶视图中创建一个长方体,如图9-29所示,参数设置如图9-30所示。

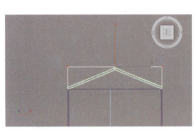
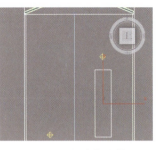

图 9-28　调整地面上的点　　图 9-29　创建长方体 2　　图 9-30　设置长方体的参数 4

（4）选择作为地面的长方体，执行"创建"→"复合"→"布尔"命令，在"运算对象参数"卷展栏中单击"差集"按钮，然后单击"添加运算对象"按钮，移动鼠标光标到刚创建的长方体上并单击，完成操作。使用同样的方法再进行一次，最终地面效果如图 9-31 所示。

（5）经过布尔运算，地面已经不够完整，因此要再创建一块地面作为补充。在顶视图中创建一个新的长方体，如图 9-32 所示。

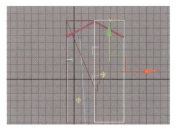

图 9-31　最终地面效果　　　　　图 9-32　创建一个新的长方体

（6）在新补充的地面上创建一块地毯，在顶视图中创建一个长方体，如图 9-33 所示，参数设置如图 9-34 所示。

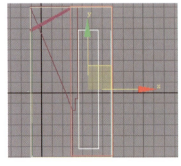

图 9-33　创建作为地毯的长方体　　图 9-34　长方体的参数设置

（7）执行"创建"→"图形"→"线"命令，在顶视图中创建连续封闭的曲线。

（8）执行"修改器"→"网格编辑"→"挤出"命令，将上一步绘制的连续曲线作为挤出对象，对其执行挤出操作，完成地面凸台的绘制。

4．柱子的创建

（1）进入"创建"命令面板，在顶视图中创建一个长方体，如图 9-35 所示，参数设置如图 9-36 所示。

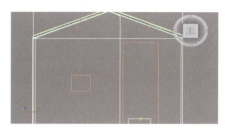

图 9-35　创建长方体 3

图 9-36　设置长方体的参数 5

（2）选中新创建的长方体，在工具栏中单击"选择并移动"按钮✥，然后在按住 Shift 键的同时拖动物体，单击"确定"按钮完成复制操作，调整位置，如图 9-37 所示。

（3）为柱子添加装饰，进入"创建"命令面板，在顶视图中创建一个长方体，充分调整柱头装饰与柱子的关系，如图 9-38 所示，参数设置如图 9-39 所示。

（4）选择柱头装饰，将其复制到另一根柱子上。同时选中两者，在按住 Shift 键的同时拖动物体，实现新的复制，效果如图 9-40 所示。

图 9-37　对长方体进行移动复制并调整位置

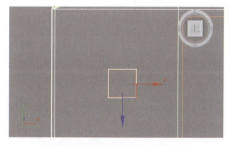

图 9-38　创建长方体 4

图 9-39　设置长方体的参数 6

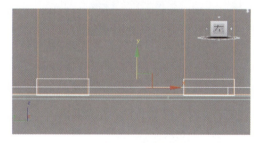

图 9-40　复制长方体

5. 搁架的创建

（1）进入"创建"命令面板，在前视图中创建一个切角长方体，对其位置进行调整，如图 9-41 所示。

（2）在右侧的"参数"卷展栏中，设置"长度"为 1087.15mm，"宽度"为 2217.71mm，"高度"为 656.399mm，"圆角"为 100.193 mm，如图 9-42 所示。

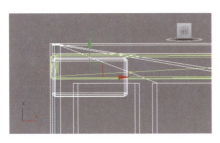 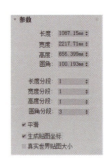

图 9-41 创建切角长方体并调整位置 1　　　图 9-42 设置切角长方体的参数 2

（3）进入"创建"命令面板，在左视图中创建一个长方体，如图 9-43 所示，参数设置如图 9-44 所示。

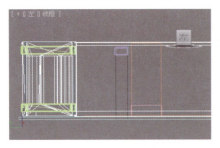 

图 9-43 创建长方体 5　　　图 9-44 设置长方体的参数 7

（4）创建一个竖着的搁板，执行"长方体"命令，在顶视图中创建一个长方体，位置如图 9-45 所示，参数设置如图 9-46 所示。

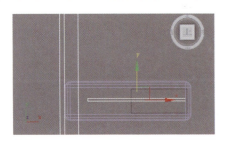 

图 9-45 创建竖着的搁板　　　图 9-46 设置竖着的搁板的参数

（5）使用同样的方法，在前视图中创建一个横着的搁板，位置如图 9-47 所示，参数设置如图 9-48 所示。

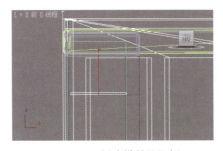 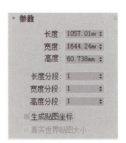

图 9-47 创建横着的搁板　　　图 9-48 设置横着的搁板的参数

（6）选中横着的搁板，在按住 Shift 键的同时拖动物体，复制得到另一块搁板，调整位置。

6. 墙面装饰的创建

（1）执行"切角长方体"命令，在顶视图中创建一个切角长方体，单击"选择并移动"按钮 ，对其进行调整，最终位置如图 9-49 所示，参数设置如图 9-50 所示。

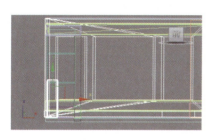 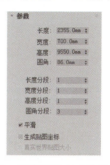

图 9-49　创建切角长方体并调整位置 2　　　图 9-50　设置切角长方体的参数 3

（2）执行"切角长方体"命令，在顶视图中创建一个切角长方体，对其进行调整，参数设置如图 9-51 所示。

（3）选中刚创建的切角长方体，单击"选择并移动"按钮 ，然后在按住 Shift 键的同时拖动物体，设置"克隆当前选择"模式为"实例"，"副本数"为 4，单击"确定"按钮，效果如图 9-52 所示。

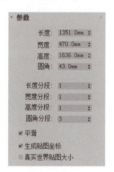 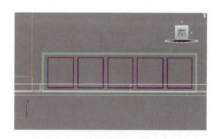

图 9-51　设置切角长方体的参数 4　　　图 9-52　复制切角长方体

（4）同理，执行"长方体"命令，在顶视图中创建一个长方体，然后对其进行调整，最终效果如图 9-53 所示。

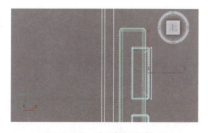

图 9-53　创建长方体 6

（5）选择刚创建的长方体，执行"创建"→"复合"→"布尔"命令，在"运算对象参数"卷展栏中单击"差集"按钮，然后单击"添加运算对象"按钮，移动鼠标光标到调整过的长方体上并单击，完成操作，如图9-54所示。

（6）重复上述操作，最终效果如图9-55所示。

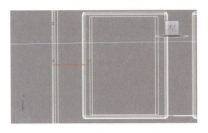
图9-54 进行布尔运算

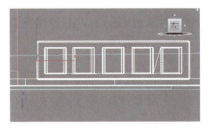
图9-55 最终效果

（7）创建一块玻璃，执行"长方体"命令，在左视图中创建一个长方体，位置如图9-56所示，参数设置如图9-57所示。

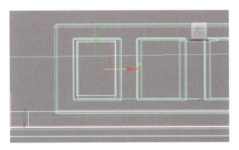
图9-56 创建长方体7

图9-57 设置长方体的参数8

（8）在墙面上创建一幅壁画，执行"长方体"命令，在前视图中创建一个长方体，如图9-58所示，参数设置如图9-59所示。

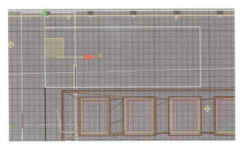
图9-58 创建长方体8

图9-59 设置长方体的参数9

7．圆桌的创建

（1）创建室内的家具，执行"圆柱体"命令，在顶视图中创建一个圆柱体，作为圆桌的桌面，如图9-60所示。

（2）选中新创建的圆柱体，单击"选择并移动"按钮，在按住Shift键的同时拖动物体，在弹出的"克隆选项"对话框中设置"副本数"为2。对复制得到的两个圆柱体进行尺寸和位置调整，最终效果如图9-61所示。

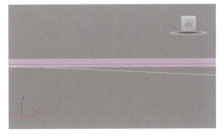

图 9-60　创建圆柱体 1　　　　　　　　图 9-61　对圆柱体进行移动复制

（3）使用同样的方法，在前视图中创建一个圆柱体，并调整其大小和位置，如图 9-62 所示。

（4）将视图切换为左视图，执行"圆柱体"命令，在左视图中创建一个圆柱体，位置如图 9-63 所示。

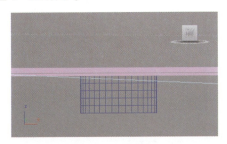
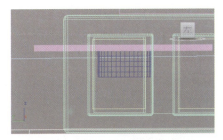

图 9-62　创建圆柱体并调整其大小和位置　　图 9-63　创建圆柱体 2

（5）选中新创建的圆柱体，单击"选择并移动"按钮，在按住 Shift 键的同时拖动物体，复制得到一个新的圆柱体，对其进行调整，如图 9-64 所示。

（6）创建圆桌的桌腿，执行"创建"→"图形"→"线"命令，在前视图中创建一条曲线，作为桌腿的放样路径，同时对节点使用"平滑"命令进行处理，最终效果如图 9-65 所示。

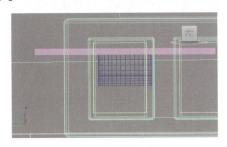
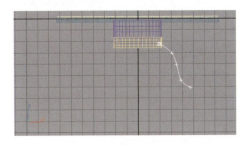

图 9-64　移动复制圆柱体　　　　　　　图 9-65　创建曲线 1

（7）为桌腿创建放样截面，执行"创建"→"图形"→"圆"命令，在顶视图中创建一个圆，对其进行调整，如图 9-66 所示。

（8）选择作为路径的曲线，单击界面右侧"创建"命令面板中的"几何体"按钮，从其下拉列表中选择"复合对象"选项，在"对象类型"卷展栏中单击"放样"按钮，然后单击"获取图形"按钮，移动鼠标光标到创建的截面上并单击，完成操作，放样效果如图 9-67 所示。

图 9-66　创建圆 1

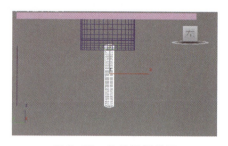
图 9-67　物体放样效果

（9）选择刚刚放样完成的物体，在工具栏中单击"镜像"按钮，在弹出的对话框中设置镜像轴为 X 轴，将"克隆当前选择"模式设置为"实例"，如图 9-68 所示，然后单击"确定"按钮完成操作。

（10）单击"选择并移动"按钮，调整其位置，如图 9-69 所示。

（11）同时选中两条桌腿，在工具栏中单击"选择并旋转"按钮，然后在按住 Shift 键的同时旋转复制物体。完成复制操作后，单击"选择并移动"按钮进行调整，最终效果如图 9-70 所示。

图 9-68　镜像参数设置

图 9-69　调整位置

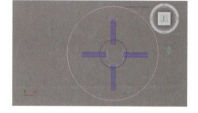
图 9-70　旋转复制桌腿并调整位置

8．椅子的创建

（1）执行"长方体"命令，在顶视图中创建一个长方体，如图 9-71 所示。

（2）执行"修改器"→"网格编辑"→"编辑网格"命令，单击"编辑网格"前面的按钮，在子菜单中选择"多边形"选项，如图 9-72 所示。

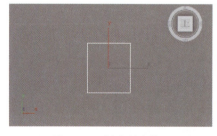
图 9-71　创建长方体 9

图 9-72　选择"多边形"选项

(3)单击"选择并移动"按钮 ✥,选中椅子面,即图9-73中的红色部分。

(4)在"编辑几何体"卷展栏中单击"挤出"按钮,同时调整其数值,对椅子面进行挤出,如图9-74所示。

图9-73 选中椅子面　　　　　　　　　图9-74 设置挤出参数

(5)在"编辑几何体"卷展栏中单击"倒角"按钮,同时调整其数值,对椅子面进行倒角处理,如图9-75所示。

(6)经过挤出和倒角处理,椅子面的最终效果如图9-76所示。

(7)创建椅子腿,执行"长方体"命令,在左视图中创建一个长方体,作为椅子腿,位置如图9-77所示。

(8)在工具栏中单击"镜像"按钮 ,在弹出的对话框中设置镜像轴为X轴,将"克隆当前选择"模式设置为"实例",单击"确定"按钮,完成椅子腿的复制,如图9-78所示。

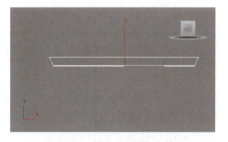

图9-75 设置倒角参数　　　　　　　　图9-76 椅子面的最终效果

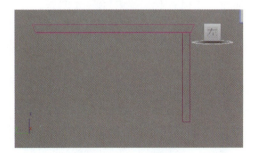
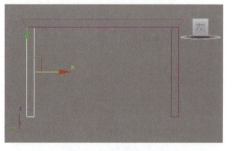

图9-77 创建椅子腿　　　　　　　　　图9-78 镜像复制椅子腿

(9)使用同样的方法,复制另外两条椅子腿并调整位置,如图 9-79 所示。

(10)执行"长方体"命令,在前视图中创建一个长方体,作为椅子的靠背,如图 9-80 所示。

图 9-79 复制另外两条椅子腿并调整位置

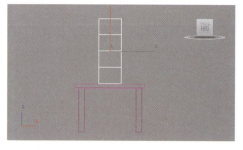

图 9-80 创建作为椅子靠背的长方体

(11)执行"修改器"→"网格编辑"→"编辑网格"命令,单击"编辑网格"前面的 ▶ 按钮,在子菜单中选择"顶点"选项,然后对顶点进行调整,效果如图 9-81 所示。

(12)执行"创建"→"图形"→"线"命令,在左视图中创建一条曲线,同时对节点进行调整和平滑处理,效果如图 9-82 所示。

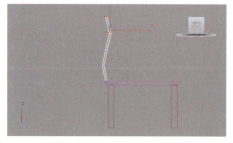

图 9-81 对顶点进行调整

图 9-82 创建曲线并对节点进行调整和平滑处理

(13)执行"创建"→"图形"→"圆"命令,在顶视图中创建一个圆,作为放样截面,如图 9-83 所示。

(14)选择作为路径的曲线,单击界面右侧的"创建"命令面板中的"几何体"按钮,从其下拉列表中选择"复合对象"选项,在"对象类型"卷展栏中单击"放样"按钮,然后单击"获取图形"按钮,移动鼠标光标到创建的截面上并单击,完成操作。

(15)执行"圆柱体"命令,在顶视图中创建一个圆柱体,如图 9-84 所示。

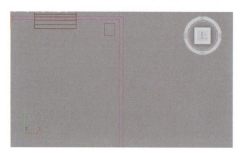

图 9-83 创建圆 2

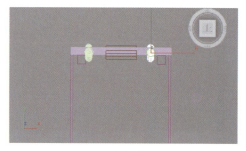

图 9-84 创建圆柱体 3

（16）执行"修改器"→"自由形式变形器"→"FFD4x4x4"命令，单击"FFD 4x4x4"前面的▶按钮，在子菜单中选择"控制点"选项。

（17）在工具栏中单击"选择并均匀缩放"按钮，框选控制点，对新创建的圆柱体进行调整，如图 9-85 所示。

（18）执行"创建"→"图形"→"线"命令，在左视图中创建一条曲线，同时对节点进行调整和平滑处理，效果如图 9-86 所示。

（19）执行"创建"→"图形"→"矩形"命令，在前视图中创建一个矩形，作为放样截面，如图 9-87 所示。

（20）选择作为路径的曲线，单击界面右侧的"创建"命令面板中的"几何体"按钮，从其下拉列表中选择"复合对象"选项，在"对象类型"卷展栏中单击"放样"按钮，然后单击"获取图形"按钮，移动鼠标光标到创建的截面上并单击，完成操作。

（21）执行"长方体"命令，在左视图中创建一个长方体，如图 9-88 所示。

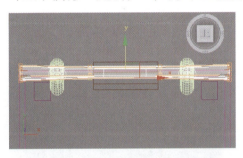

图 9-85　对新创建的圆柱体进行调整

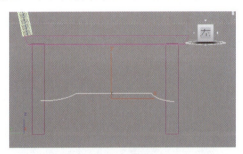

图 9-86　创建曲线 2

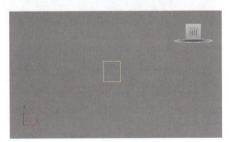

图 9-87　创建矩形 1

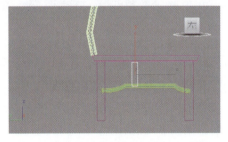

图 9-88　创建长方体 10

（22）选中新创建的长方体，在工具栏中单击"选择并移动"按钮，然后在按住 Shift 键的同时拖动长方体，复制得到一个新的长方体。将放样物体一起选中，分别进行复制，最终如图 9-89 所示。

（23）执行"组"→"组"命令，创建为组，并命名为"椅子"。

9．沙发的创建

（1）执行"切角长方体"命令，在顶视图

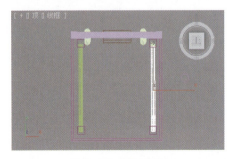

图 9-89　移动复制

中创建一个切角长方体，如图 9-90 所示。

（2）选中新创建的切角长方体，在工具栏中单击"选择并旋转"按钮 ，然后在按住 Shift 键的同时旋转复制切角长方体。在完成复制后，单击"选择并移动"按钮 ，对其进行调整，最终效果如图 9-91 所示。

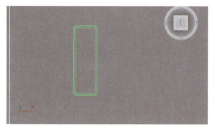 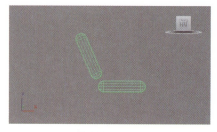

图 9-90　创建切角长方体 2　　　　　　图 9-91　旋转复制切角长方体

（3）执行"切角长方体"命令，在前视图中创建一个切角长方体，如图 9-92 所示。选中新创建的切角长方体，在工具栏中单击"选择并旋转"按钮 ，然后在按住 Shift 键的同时旋转复制切角长方体，如图 9-93 所示。

图 9-92　创建切角长方体 3　　　　　　图 9-93　对切角长方体进行旋转复制

（4）执行"创建"→"图形"→"线"命令，在前视图中创建一条曲线，同时对节点进行调整和平滑处理，效果如图 9-94 所示。

（5）执行"创建"→"图形"→"矩形"命令，在前视图中创建一个矩形，作为放样截面，如图 9-95 所示。

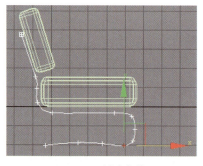 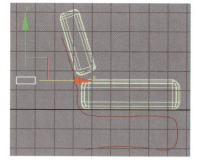

图 9-94　创建曲线 3　　　　　　　　　图 9-95　创建矩形 2

（6）选择作为路径的曲线，单击"放样"按钮，然后在命令面板中单击"获取图形"按钮，移动鼠标光标到创建的截面上并单击，完成操作；同时对其进行复制并调整位置，最终效果如图9-96所示。

（7）执行"切角长方体"命令，在顶视图中创建一个切角长方体，并对其进行调整，位置如图9-97所示。

（8）执行"修改器"→"自由形式变形器"→"FFD4x4x4"命令，单击"FFD 4x4x4"前面的▶按钮，在子菜单中选择"控制点"选项，对控制点进行调整，最终效果如图9-98所示。

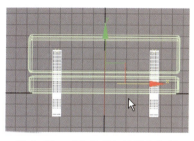 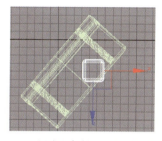 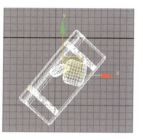

图9-96　对物体进行放样和复制　　图9-97　创建切角长方体并调整位置3　　图9-98　调整控制点

10. 茶具的制作

（1）执行"创建"→"图形"→"线"命令，在前视图中创建一条封闭的曲线，并对节点进行平滑处理，如图9-99所示。

（2）执行"修改器"→"面片/样条线编辑"→"车削"命令，将封闭的曲线旋转成一个壶体，然后在其上方重新创建一条封闭的曲线作为壶盖，如图9-100所示。

图9-99　创建封闭的曲线 1

（3）执行"车削"命令，将新创建的封闭曲线旋转成一个壶盖。然后执行"圆柱体"命令，在顶视图中创建一个圆柱体，并对其进行旋转移动。

（4）执行"修改器"→"自由形式变形器"→"FFD4x4x4"命令，单击"FFD 4x4x4"前面的▶按钮，在子菜单中选择"控制点"选项，对控制点进行调整，最终效果如图9-101所示。

 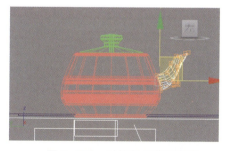

图9-100　创建封闭的曲线2　　　　图9-101　对控制点进行调整

（5）执行"长方体"命令，在前视图中创建一个长方体，如图9-102所示。

（6）执行"修改器"→"网格编辑"→"编辑网格"命令，单击"编辑网格"前面的 ▶ 按钮，在子菜单中选择"顶点"选项，对顶点进行调整，最终效果如图9-103～图9-105所示。

图9-102 创建长方体11

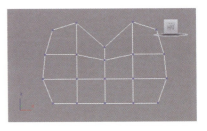

图9-103 调整顶点1

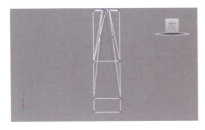

图9-104 调整顶点2

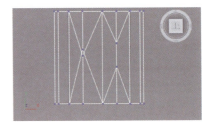

图9-105 调整顶点3

（7）进入"修改"命令面板，在"修改器列表"下拉列表中选择"网格平滑"修改器，在"细分量"卷展栏中将"平滑度"参数值设置为1.0，如图9-106所示。

（8）在工具栏中单击"镜像"按钮，在弹出的对话框中设置镜像轴为X轴，将"克隆当前选择"模式设置为"实例"，单击"确定"按钮完成操作，并调整位置，如图9-107所示。

（9）执行"线"命令，在前视图中创建一条曲线，作为壶把的放样路径，并对节点进行平滑处理，最终效果如图9-108所示。

（10）执行"圆"命令，在顶视图中创建一个圆，作为放样截面，如图9-109所示。

（11）选择作为路径的曲线，单击"放样"按钮，然后在命令面板中单击"获取图形"按钮，移动鼠标光标到创建的截面上并单击，完成放样操作。

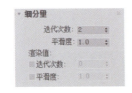

图9-106 设置细分量参数

图9-107 镜像复制物体

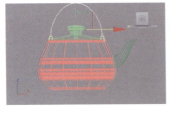

图9-108 创建壶把的放样路径

图9-109 创建圆3

11. 灯的制作

（1）执行"创建"→"标准基本体"→"管状体"命令，在前视图中创建一个管状体，如图 9-110 所示，参数设置如图 9-111 所示。

（2）执行"创建"→"标准基本体"→"胶囊"命令，在前视图中创建一个胶囊，位置如图 9-112 所示，参数设置如图 9-113 所示。

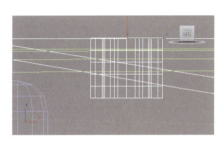

图 9-110　创建管状体

图 9-111　设置管状体的参数

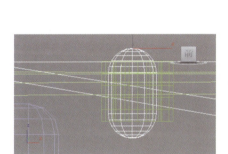

图 9-112　创建胶囊

图 9-113　设置胶囊的参数

（3）选中制作好的筒灯，执行"阵列"命令，在弹出的对话框中设置对象类型为"实例"，设置 1D 的"数量"为 15，如图 9-114 所示。

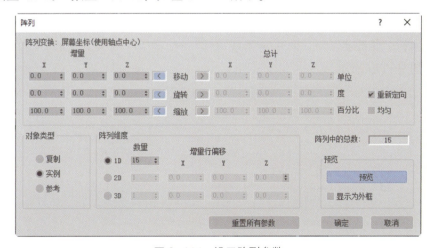

图 9-114　设置阵列参数

(4)重复上述步骤,依次复制,最终效果如图9-115所示。

(5)执行"线"命令,在前视图中创建一条曲线,并对节点进行平滑处理,效果如图9-116所示。

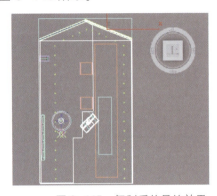

图9-115 复制后的最终效果　　　　　图9-116 创建曲线4

(6)执行"创建"→"图形"→"圆"命令,在左视图中创建一个圆,作为放样截面,如图9-117所示。

(7)选择作为路径的曲线,单击"放样"按钮,然后在命令面板中单击"获取图形"按钮,移动鼠标光标到创建的截面上并单击,完成操作。

(8)执行"线"命令,在左视图中创建一条封闭的曲线,并对节点进行平滑处理,效果如图9-118所示。

 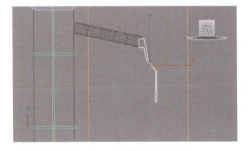

图9-117 创建圆4　　　　　图9-118 创建封闭的曲线3

(9)执行"修改器"→"面片/样条线编辑"→"车削"命令,旋转封闭的曲线,最终效果如图9-119所示。

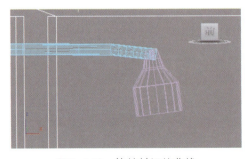

图9-119 旋转封闭的曲线

(10)选中制作好的灯,执行"阵列"命令,参数设置如图 9-120 所示。

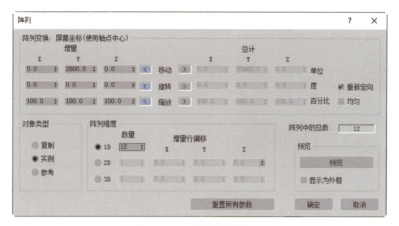

图 9-120　阵列参数设置

12. 相框的制作

(1)执行"切角长方体"命令,在前视图中创建一个切角长方体,位置如图 9-121 所示,参数设置如图 9-122 所示。

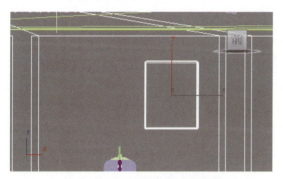 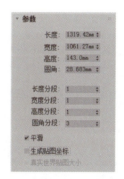

图 9-121　创建切角长方体 4　　　　　图 9-122　设置切角长方体的参数 5

(2)选中新创建的切角长方体,在工具栏中单击"选择并均匀缩放"按钮,然后在按住 Shift 键的同时缩放切角长方体,如图 9-123 所示。

(3)选择作为地面的大的切角长方体,执行"布尔"命令,在"运算对象参数"卷展栏中单击"差集"按钮,然后单击"添加运算对象"按钮,移动鼠标光标到小的切角长方体上并单击,完成操作,效果如图 9-124 所示。

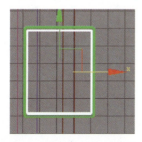 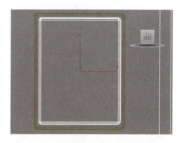

图 9-123　对切角长方体进行缩放复制　　　图 9-124　对切角长方体进行布尔运算

（4）执行"长方体"命令，在前视图中创建一个长方体，如图 9-125 所示，参数设置如图 9-126 所示。

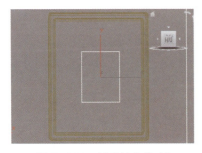

图 9-125　创建长方体 12　　　　图 9-126　设置长方体的参数 10

（5）执行"矩形"命令，在前视图中创建一个矩形，如图 9-127 所示。

（6）执行"修改器"→"面片/样条线编辑"→"编辑样条线"命令，单击"编辑样条线"前面的 ▶ 按钮，然后在子菜单中选择"样条线"选项，对"轮廓"参数值进行设置。

（7）进入"修改"命令面板，在"修改器列表"下拉列表中选择"挤出"修改器，设置"数量"为 12.7mm，如图 9-128 所示。相框最终效果如图 9-129 所示。

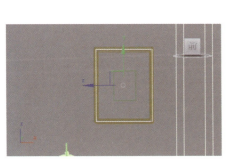

图 9-127　创建矩形 3　　　图 9-128　挤出参数设置　　　图 9-129　相框最终效果

二、制作餐厅材质

1. 地面材质的赋予

（1）制作地面材质，执行"渲染"→"材质编辑器"→"精简材质编辑器"命令，打开"材质编辑器"窗口，如图 9-130 所示。

（2）单击 Standard (Lega 按钮，弹出"材质/贴图浏览器"对话框，展开"Autodesk Material Library"→"陶瓷"→"瓷砖"卷展栏，从中选择"带嵌入式菱形的 4 英寸方形-褐色"选项并双击，如图 9-131 所示。此时"材质编辑器"窗口如图 9-132 所示。

（3）在视图中选择地面，然后单击 按钮，将材质赋予地面。进入"修改"命令面板，在"修改器列表"下拉列表中选择"UVW 贴图"命令，对其进行设置，将材质赋予地面后的效果如图 9-133 所示。

项目练习　餐厅效果图制作

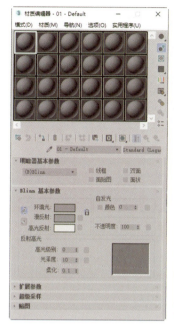  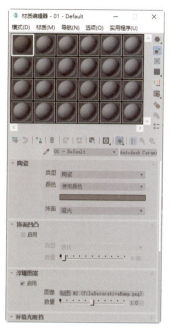

图 9-130　"材质编辑器"　　图 9-131　选择"带嵌入式菱形的　　图 9-132　"材质编辑器"
　　　　窗口 1　　　　　　　　4 英寸方形-褐色"选项并双击　　　　　　窗口 2

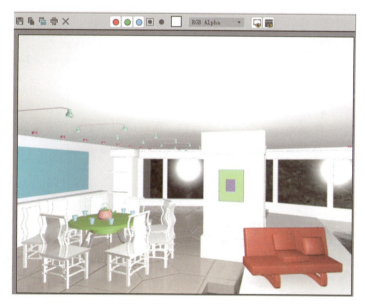

图 9-133　将材质赋予地面后的效果

2. 椅子材质的赋予

（1）选择一个新的空白材质球，单击 Standard (Legac 按钮，弹出"材质/贴图浏览器"对话框，展开"Autodesk Material Library"→"木材"卷展栏，从中选择"柚木-天然中光泽实心"选项并双击，如图 9-134 所示。此时"材质编辑器"窗口如图 9-135 所示。

图 9-134 选择"柚木-天然中光泽实心"选项并双击

图 9-135 "材质编辑器"窗口 3

（2）椅子材质的制作比较简单，在视图中选择所有的椅子，然后单击 按钮，将材质赋予椅子，效果如图 9-136 所示。

3．桌面材质的赋予

（1）选择一个新的空白材质球，单击 Standard (Lega 按钮，弹出"材质/贴图浏览器"对话框，展开"Autodesk Material Library"→"玻璃"卷展栏，选择"透明-黄色"选项并双击。

（2）在视图中选择桌面，然后单击 按钮，将材质赋予桌面，效果如图 9-137 所示。

图 9-136 椅子渲染效果

图 9-137 桌面渲染效果

4．金属材质的赋予

（1）选择一个新的空白材质球，单击 Standard (Lega 按钮，弹出"材质/贴图浏览器"对话框，展开"Autodesk Material Library"→"金属"→"钢"卷展栏，从中选择"不锈钢-抛光"选项并双击，如图 9-138 所示。此时"材质编辑器"窗口如图 9-139 所示。

项目练习 餐厅效果图制作

图 9-138 选择"不锈钢-抛光"选项并双击

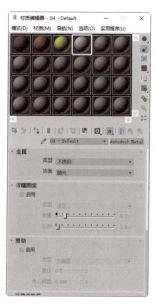

图 9-139 "材质编辑器"窗口 4

（2）在视图中选择桌腿，然后单击 按钮，将材质赋予桌腿，效果如图 9-140 所示。

5．另一半地面及地毯材质的赋予

（1）选择一个新的空白材质球，将其切换到标准材质，单击"漫反射"后面的"无"按钮，打开"材质/贴图浏览器"对话框，从中选择"位图"选项，然后在打开的"选择位图图像文件"对话框中选择一张木材图片，如图 9-141 所示，单击"打开"按钮。

（2）在"坐标"卷展栏中对其基本参数进行设置，将"瓷砖"的"U""V"参数值分别设置为 10 和 5，将"模糊"参数值设置为 1，如图 9-142 所示。

（3）单击"转到父对象"按钮 ，回到上一层命令面板，然后进行设置，将"环境光"的颜色调为一种灰色，将"高光级别"参数值设置为 67，将"光泽度"参数值设置为 10，如图 9-143 所示。

图 9-140 桌腿渲染效果

图 9-141 选择木材图片

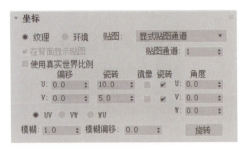

图 9-142　设置坐标参数 1　　　　　图 9-143　设置 Blinn 基本参数 1

（4）制作地毯材质。选择一个新的空白材质球，单击"漫反射"后面的"无"按钮，打开"材质/贴图浏览器"对话框，从中选择"位图"选项，然后在打开的"选择位图图像文件"对话框中选择一张地毯图片，如图 9-144 所示，单击"打开"按钮。

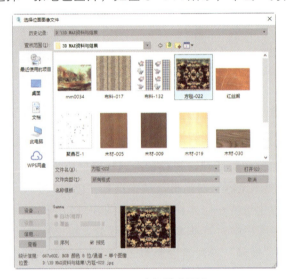

图 9-144　选择地毯图片

（5）在"坐标"卷展栏中对其基本参数进行设置，将"瓷砖"的"U""V"参数值均设置为 15，将"模糊"参数值设置为 1，如图 9-145 所示。

（6）单击"转到父对象"按钮 ，回到上一层命令面板，然后进行设置，将"高光级别"参数值设置为 0，将"光泽度"参数值设置为 10，如图 9-146 所示。

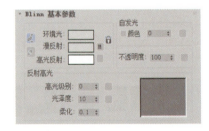

图 9-145　设置坐标参数 2　　　　　图 9-146　设置 Blinn 基本参数 2

（7）分别选择剩余的地面和地毯，单击 按钮，将材质分别赋予相应的对象，效果如图 9-147 所示。

6. 窗框及墙面装饰材质的赋予

选择窗框及墙面装饰，其材质与椅子材质相同，单击 按钮，将材质赋予对象，效果如图 9-148 所示。

图 9-147　部分地面及地毯渲染效果　　　　图 9-148　窗框及墙面装饰渲染效果

7. 相框材质的赋予

（1）选择一个新的空白材质球，单击 Standard (Legac 按钮，打开"材质/贴图浏览器"对话框，展开 "Autodesk Material Library" → "墙漆" → "有光泽"卷展栏，从中选择"冷白色"选项并双击，如图 9-149 所示。

（2）在视图中选择相框后面的墙，然后单击 按钮，将材质赋予墙面。

（3）同理，设置相框材质，效果如图 9-150 所示。

图 9-149　选择"冷白色"选项并双击　　　　图 9-150　相框渲染效果

8. 沙发材质的制作

（1）选择一个新的空白材质球，单击 Standard (Lega 按钮，打开"材质/贴图浏览器"对话框，从中选择"多维/子对象"选项，如图9-151所示。

（2）在"替换材质"对话框中选中"丢弃旧材质？"单选按钮，然后单击"确定"按钮，如图9-152所示。

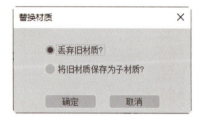

图9-151　选择"多维/子对象"选项　　　图9-152　选择丢弃旧材质

（3）在"多维/子对象基本参数"卷展栏中，单击"设置数量"按钮，打开"设置材质数量"对话框，将"材质数量"参数值设置为2，如图9-153所示。

（4）此时在"多维/子对象基本参数"卷展栏中，单击ID号为1的材质球后面的"Standard"按钮，打开"材质/贴图浏览器"对话框，从中选择"位图"选项，然后在打开的"选择位图图像文件"对话框中选择一种布料，如图9-154所示，单击"打开"按钮。

（5）单击"转到父对象"按钮 ，回到上一层命令面板进行设置，对"自发光颜色"进行调整，设置"红"为91，"绿"为82，"蓝"为57，如图9-155所示。

（6）将"环境光"调为一种灰色，将"高光级别"参数值设置为31，将"光泽度"参数值设置为18，如图9-156所示。

图 9-153 设置材质数量

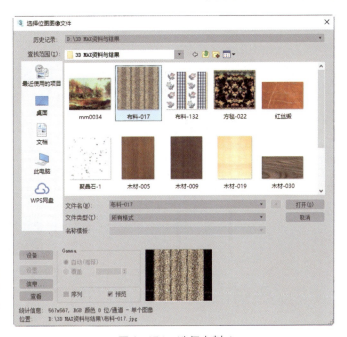

图 9-154 选择布料 1

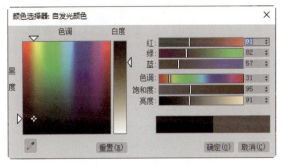

图 9-155 设置自发光颜色 1

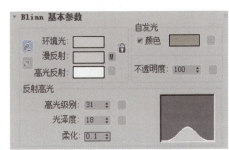

图 9-156 设置 Blinn 基本参数 3

（7）单击 ID 号为 2 的材质球后面的"Standard"按钮，打开"材质/贴图浏览器"对话框，从中选择"位图"选项，然后在打开的"选择位图图像文件"对话框中选择一种布料，如图 9-157 所示，单击"打开"按钮。

（8）单击"转到父对象"按钮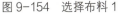，回到上一层命令面板进行设置，对"自发光颜色"进行调整，设置"红"为 69，"绿"为 44，"蓝"为 0，如图 9-158 所示。

（9）将"环境光"调为一种灰色，将"高光级别"参数值设置为 35，将"光泽度"参数值设置为 21，如图 9-159 所示。

（10）分别选择沙发的各部分，利用上述方法完成剩余材质的设置并为物体赋予材质，效果如图 9-160 所示。

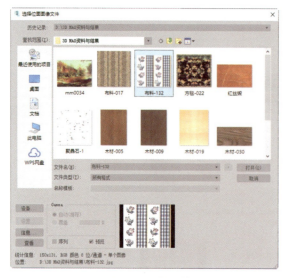

图 9-157 选择布料 2

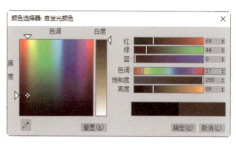

图 9-158 设置自发光颜色 2

图 9-159 设置 Blinn 基本参数 4

图 9-160 沙发渲染效果

三、创建餐厅灯光

1. 创建太阳光系统

（1）在"创建"命令面板中单击"系统"按钮，进入标准系统创建面板，单击"太阳光"按钮，如图 9-161 所示。

（2）在右视图中，创建一个太阳光系统，位置如图 9-162 所示。

（3）在"常规参数"卷展栏中，设置"灯光类型"为"启用"状态，设置"阴影"同样为"启用"状态，将"倍增"参数值调为 0.4，如图 9-163 所示。

图 9-161 单击"太阳光"按钮

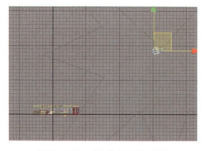

图 9-162 创建太阳光系统

图 9-163 设置太阳光系统的参数

2. 创建地面和天花灯光

（1）执行"创建"→"灯光"→"标准灯光"→"泛光"命令，在右视图中创建一盏泛光灯，位置如图9-164所示。

（2）在"常规参数"卷展栏中，设置"灯光类型"为"启用"状态，在"阴影"下取消勾选"启用"复选框，将"倍增"参数值调为0.4，将颜色设置为土黄色，如图9-165所示。

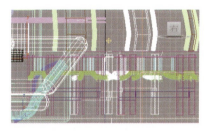 

图9-164 创建泛光灯1　　　　　　　　图9-165 设置泛光灯的参数1

（3）对此盏灯进行排除功能设置，在"排除/包含"卷展栏中单击"包含"按钮，然后将"地面"和"地面1"选中，进行排除。

（4）选中刚创建的泛光灯，在工具栏中单击"选择并移动"按钮，然后在按住Shift键的同时拖动泛光灯，复制得到一盏新的灯光，调整位置，如图9-166所示。

（5）在"常规参数"卷展栏中，设置"灯光类型"为"启用"状态，在"阴影"下取消勾选"启用"复选框，将"倍增"参数值调为0.4，将颜色设置为白色，如图9-167所示。

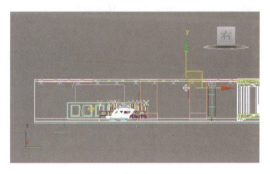 

图9-166 移动复制泛光灯1　　　　　　　图9-167 设置泛光灯的参数2

（6）对这盏灯进行排除功能设置，在"排除/包含"卷展栏中单击"包含"按钮，然后将"地面"选中，进行排除。

（7）执行"泛光"命令，在右视图中创建一盏泛光灯，位置如图9-168所示。

（8）在"常规参数"卷展栏中，设置"灯光类型"为"启用"状态，在"阴影"下取消勾选"启用"复选框，将"倍增"参数值调为0.5，将颜色设置为黄灰色，如图9-169所示。

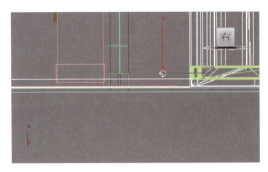 

图 9-168　创建泛光灯 2　　　　　　图 9-169　设置泛光灯的参数 3

（9）对这盏灯进行排除功能设置，在"排除/包含"卷展栏中单击"包含"按钮，然后将"天花"选中，进行排除。

（10）选中刚创建的泛光灯，在工具栏中单击"选择并移动"按钮，然后在按住 Shift 键的同时拖动泛光灯，复制得到一盏新的灯光，调整位置，如图 9-170 所示。

（11）使用相同的方法再复制一盏泛光灯，调整位置，如图 9-171 所示。

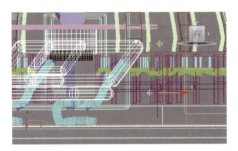 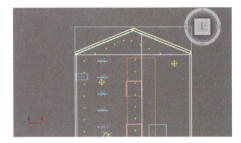

图 9-170　移动复制泛光灯 2　　　　　　图 9-171　移动复制泛光灯 3

3．创建墙面和桌椅灯光

（1）执行"创建"→"灯光"→"标准灯光"→"目标聚光灯"命令，在顶视图中创建一盏目标聚光灯并调整位置，如图 9-172 所示。

（2）在"常规参数"卷展栏中，设置"灯光类型"为"启用"状态，在"阴影"下取消勾选"启用"复选框，将"倍增"参数值调为 1.2，将颜色设置为淡黄色，如图 9-173 所示。

（3）执行"目标聚光灯"命令，在顶视图中再创建一盏目标聚光灯并调整位置，如图 9-174 所示。

（4）在"常规参数"卷展栏中，设置"灯光类型"为"启用"状态，在"阴影"下取消勾选"启用"复选框，将"倍增"参数值调为 0.46，将颜色设置为黄灰色，如图 9-175 所示。

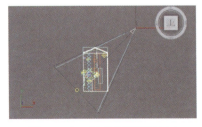 

图 9-172　创建目标聚光灯 1　　　　　　图 9-173　设置目标聚光灯的参数 1

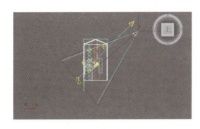

图 9-174　创建目标聚光灯 2　　　　图 9-175　设置目标聚光灯的参数 2

（5）执行"目标聚光灯"命令，在右视图中创建一盏目标聚光灯并调整位置，如图 9-176 所示。

（6）在"常规参数"卷展栏中，设置"灯光类型"为"启用"状态，设置"阴影"同样为"启用"状态，将"倍增"参数值调为 0.7，将颜色设置为中黄色，如图 9-177 所示。在"排除/包含"卷展栏中单击"包含"按钮，然后将"yuanzhuo"选中，单击"确定"按钮完成操作。

（7）在右视图中创建一盏目标聚光灯并调整位置，如图 9-178 所示。

（8）对这盏灯进行排除功能设置，单击"排除"按钮，然后将所有的"椅子"选中，进行排除。

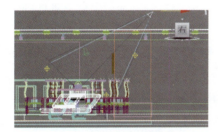

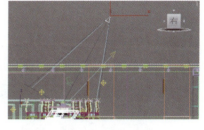

图 9-176　创建目标聚光灯 3　　图 9-177　设置目标聚光灯的参数 3　　图 9-178　创建目标聚光灯 4

4．创建桌子和搁架灯光

（1）执行"创建"→"灯光"→"标准灯光"→"目标聚光灯"命令，在顶视图中创建一盏目标聚光灯并调整位置，如图 9-179 所示。

（2）在"常规参数"卷展栏中，设置"灯光类型"为"启用"状态，设置"阴影"同样为"启用"状态，将"倍增"参数值调为 0.7，将颜色设置为淡黄色，如图 9-180 所示。

图 9-179　创建目标聚光灯 5　　　　图 9-180　设置目标聚光灯的参数 4

（3）选中刚创建的目标聚光灯，在工具栏中单击"选择并移动"按钮✥，然后在按住 Shift 键的同时拖动目标聚光灯，复制得到一盏新的灯光，调整位置，如图 9-181 所示。

（4）执行"目标聚光灯"命令，在顶视图中再创建一盏目标聚光灯，位置如图 9-182 所示。

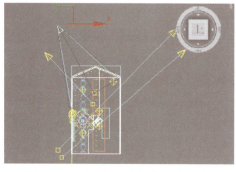 

图 9-181　对目标聚光灯进行移动复制　　　　图 9-182　创建目标聚光灯 6

（5）在"常规参数"卷展栏中，设置"灯光类型"为"启用"状态，设置"阴影"同样为"启用"状态，将"倍增"参数值调为 0.4，将颜色设置为中黄色。至此，餐厅的灯光设置完成。

（6）在工具栏中单击 按钮，对餐厅进行渲染，也可以根据实际情况对灯光进行布置和调节，最终效果如图 9-183 所示。

图 9-183　餐厅最终渲染效果

反侵权盗版声明

  电子工业出版社依法对本作品享有专有出版权。任何未经权利人书面许可，复制、销售或通过信息网络传播本作品的行为；歪曲、篡改、剽窃本作品的行为，均违反《中华人民共和国著作权法》，其行为人应承担相应的民事责任和行政责任，构成犯罪的，将被依法追究刑事责任。

  为了维护市场秩序，保护权利人的合法权益，我社将依法查处和打击侵权盗版的单位和个人。欢迎社会各界人士积极举报侵权盗版行为，本社将奖励举报有功人员，并保证举报人的信息不被泄露。

举报电话：（010）88254396；（010）88258888

传　　真：（010）88254397

E-mail：　dbqq@phei.com.cn

通信地址：北京市万寿路 173 信箱
　　　　　电子工业出版社总编办公室

邮　　编：100036